高 等 院 校 应 用 型 设 计 教 育 规 划 教 材

PLANNED TEXTBOOKS ON APPLIED DESIGN EDUCATION FOR STUDENTS OF UNIVERSITIES & COLLEGES

ED

ENVIRONMENT DESIGN

家 居 设 计

HOME DESIGN

家居设计

HOME DESIGN

ED 牛牛 刘桂 编著

牛牛 等编著

Niu Niu ,et.al

合肥工业大学出版社

HEFEI UNIVERSITY OF TECHNOLOGY PRESS

合肥工业大学出版社

HEFEI UNIVERSITY OF TECHNOLOGY PRESS

图书在版编目（CIP）数据

家居设计/牛牛，刘桂编著.—合肥：合肥工业大学出版社，2009.8（2017.7重印）

高等院校应用型设计教育规划教材

ISBN 978-7-5650-0035-5

Ⅰ.家…　Ⅱ.牛…　Ⅲ.住宅-室内设计-高等学校-教材　Ⅳ.TU241

中国版本图书馆CIP数据核字（2009）第149598号

家居设计

编　著	牛 牛 刘 桂
责任编辑	方立松
封面设计	刘莘莘
内文设计	陶霏霏
技术编辑	程玉平
书　名	高等院校应用型设计教育规划教材——家居设计
出　版	合肥工业大学出版社
地　址	合肥市屯溪路193号
邮　编	230009
网　址	www.hfutpress.com.cn
发　行	全国新华书店
印　刷	安徽联众印刷有限公司
开　本	889mm×1092mm　1/16
印　张	7.5
字　数	250千字
版　次	2009年11月第1版
印　次	2017年7月第5次印刷
标准书号	ISBN 978-7-5650-0035-5
定　价	48.00元
发行部电话	0551-62903188

编撰委员会 ED

参编院校 ED

排名不分先后

江南大学	南京艺术学院
苏州大学	南京师范大学
南京财经大学	南京林业大学
南京交通职业技术学院	徐州师范大学
常州工学院	常州纺织服装职业技术学院
太湖学院	盐城工学院
三江学院	江苏信息职业技术学院
无锡南洋职业技术学院	苏州科技学院
苏州工艺美术职业技术学院	苏州经贸职业技术学院
东华大学	上海科学技术职业学院
上海交通大学	上海金融学院
上海电机学院	武汉理工大学
华中科技大学	湖北美术学院
湖北大学	武汉工程大学
武汉工学院	江汉大学
湖北经济学院	重庆大学
四川师范大学	华南师范大学
青岛大学	青岛科技大学
青岛理工大学	山东商业职业学院
山东青年干部职业技术学院	山东工业职业技术学院
青岛酒店管理职业技术学院	湖南工业大学
湖南师范大学	湖南城市学院
吉首大学	湖南邵阳职业技术学院
河南大学	郑州轻工学院
河南工业大学	河南科技学院
河南财经学院	南阳学院
洛阳理工学院	安阳师范学院
西安工业大学	陕西科技大学
咸阳师范学院	宝鸡文理学院

参编院校

排名不分先后

渭南师范大学	北京服装学院
首都师范大学	北京联合大学
北京师范大学	中国计量学院
浙江工业大学	浙江财经学院
浙江万里学院	浙江纺织服装职业技术学院
丽水职业技术学院	江西财经大学
江西农业大学	南昌工程学院
南昌航空航天大学	南昌理工学院
肇庆学院	肇庆工商职业学院
肇庆科技职业技术学院	江西现代职业技术学院
江西工业职业技术学院	江西服装职业技术学院
景德镇高等专科学校	江西民政学院
南昌师范高等专科学校	江西电力职业技术学院
广州城市建设学院	番禺职业技术学院
罗定职业技术学院	广州市政高专
合肥工业大学	安徽工程科技学院
安徽大学	安徽师范大学
安徽建筑工业学院	安徽农业大学
安徽工商职业学院	淮北煤炭师范学院
淮南师范学院	巢湖学院
皖江学院	新华学院
池州学院	合肥师范学院
铜陵学院	皖西学院
蚌埠学院	安徽艺术职业技术学院
安徽商贸职业技术学院	安徽工贸职业技术学院
滁州职业技术学院	淮北职业技术学院
桂林电子科技大学	华侨大学
云南艺术学院	河北科技师范学院
韩国东西大学	

总序

目前艺术设计类教材的出版十分兴盛，任何一门课程如《平面构成》、《招贴设计》、《装饰色彩》等，都可以找到十个、二十个以上的版本。然而，常见的情形是许多教材虽然体例结构、目录秩序有所差异，但在内容上并无不同，只是排列组合略有区别，图例更是单调雷同。从写作文本的角度考察，大都分章分节平铺直叙，结构不外乎该门类知识的历史、分类、特征、要素，再加上名作分析、材料与技法表现等等，最后象征性地附上思考题，再配上插图。编得经典而独特，且真正可供操作、可应用于教学实施的却少之又少。于是，所谓教材实际上只是一种讲义，学习者的学习方式只能是一般性地阅读，从根本上缺乏真实能力与设计实务的训练方法。这表明教材建设需要从根本上加以改变。

从课程实践的角度出发，一本教材的着重点应落实在一个"教"字上，注重"教"与"讲"之间的差别，让教师可教，学生可学，尤其是可以自学。它必须成为一个可供操作的文本、能够实施的纲要，它还必须具有教学参考用书的性质。

实际上不少称得上经典的教材其篇幅都不长，如康定斯基的《点线面》、伊顿的《造型与形式》、托马斯·史密特的《建筑形式的逻辑概念》等，并非长篇大论，在删除了几乎所有的关于"概念"、"分类"、"特征"的絮语之后，所剩下的就只是个人的深刻体验、个人的课题设计，于是它们就体现出真正意义上的精华所在。而不少名家名师并没有编写过什么教材，他们只是以自己的经验作为传授的内容，以自己的风格来建构规律。

大多数国外院校的课程并无这种中国式的教材，教师上课可以开出一大堆参考书，却不编印讲义。然而他们的特点是"淡化教材，突出课题"，教师的看家本领是每上一门课都设计出一系列具有原创性的课题。围绕解题的办法，进行启发式的点拨，分析名家名作的构成，一次次地否定或肯定学生的草图，无休止地讨论各种想法。外教设计的课题充满意趣以及形式生成的可能性，一经公布即能激活学生去进行尝试与探究的欲望，如同一种引起活跃思维的兴奋剂。

因此，备课不只是收集资料去编写讲义，重中之重是对课程进行设计有意义的课题，是对作业进行编排。于是，较为理想的教材结构，可以以系列课题为主，其线索以作业编排为秩序。如包豪斯第一任基础课程的主持人伊顿在教材《设计与形态》中，避开了对一般知识的系统叙述，而是着重对他的课题与教学方法进行了阐释，如"明暗关系"、"色彩理论"、"材质和肌理的研究"、"形态的理论认识和实践"、"节奏"等。

每一个课题都具有丰富的文件，具有理论叙述与知识点介绍、资源与内容、主题与关键词、图示与案例分析、解题的方法与程序、媒介与技法表现等。课题与课题之间除了由浅入深、从简单到复杂的循序渐进，更应该将语法的演绎、手法的戏剧性、资源的趣味性及效果的多样性与超越预见性等方面作为侧重点。于是，一本教材就是一个题库。教师上课可以从中各取所需，进行多种取向的编排，进行不同类型的组合。学生除了完成规定的作业外，还可以阅读其他课题及解题方法，以补充个人的体验，完善知识结构。

从某种意义上讲，以系列课题作为教材的体例，使教材摆脱了单纯讲义的性质，从而具备了类似教程的色彩，具有可供实施的可操作性。这种体例着重于课程的实践性，课题中包括了"教学方法"的含义。它所体现的价值，就在于着重解决如何将知识转换为技能的质的变化，使教材的功能从"阅读"发展为一种"动作"，进而进行一种真正意义上的素质训练。

从这一角度而言，理想的写作方式，可以是几条线索同时发展，齐头并进，如术语解释呈现为点状样式，也可以编写出专门的词汇表；如名作解读似贯穿始终的线条状；如对名人名论的分析，对方法的论叙，对原理法则的叙述，就如同面的表达方式。这样学习者在阅读教材时，就如同看蒙太奇镜头一般，可以连续不断，可以跳跃，更可以自己剪辑组合，根据个人的问题或需要产生多种使用方式。

艺术设计教材的编写方法，可以从与其学科性质接近的建筑学教材中得到借鉴，许多教材为我们提供了示范文本与直接启迪。如顾大庆的教材《设计与视知觉》，对有关视觉思维与形式教育问题进行了探讨，在一种缜密的思辨和引证中，提供了一个具有可操作性的教学手册。如贾倍思在教材《型与现代主义》中以"形的构造"为基点，教学程序和由此产生创造性思维的关系是教材的重点，线索由互相关联的三部分同时组成，即理论、练习与构成原理。如瑞士苏黎世高等理工大学建筑学专业的教材，如同一本教学日志对作业的安排精确到了小时的层次。在具体叙述中，它以现代主义建筑的特征发展作为参照系，对革命性的空间构成作出了详尽的解读，其贡献在于对建筑设计过程的规律性研究及对形体作为设计手段的探索。又如陈志华教授写作于20世纪70年代末的那本著名的《外国建筑史19世纪以前》，已成为这一领域不可逾越的经典之作，我们很难想象在那个资料缺乏而又思想禁锢的时期，居然将一部外国建筑史写得如此炉火纯青，30年来外国建筑史资料大批出现，赴国外留学专攻的学者也不计其数，但人们似乎已无勇气再去试图接近它或进行重写。

我们可以认为，一部教材的编撰，基本上应具备诸如逻辑性、全面性、前瞻性、实验性等几个方面的要求。

逻辑性要求，包括内容的选择与编排具有叙述的合理性，条理清晰，秩序周密，大小概念之间的链接层次分明。虽然一些基本知识可以有多种不同的编排方法，然而不管哪种方法都应结构严谨、自成一体，都应生成一个独特的系统。最终使学习者能够建立起一种知识的网络关系，形成一种线性关系。

全面性要求，包括教材在进行相关理论阐释与知识介绍时，应体现全面性原则。固然教材可以有教师的个人观点，但就内容而言应将各种见解与解读方式，包括自己不同意的观点，包括当时正确而后来被历史证明是错误或过时的理论，都进行尽可能真实的罗列，并同时应考虑到种种理论形成的文化背景与时代语境。

前瞻性要求，包括教材的内容、论析案例、课题作业等都应具有一定的超前性，传授知识领域的前沿发展，而不是过多表述过时与滞后的经验。学生通过阅读与练习，可以使知识产生迁延性，掌握学习的方法，获得可持续发展的动力。同时一部教材发行后往往要使用若干年，虽然可以修订，但基本结构与内容已基本形成。因此，应预见到在若干年以内保持一定的先进性。

实验性要求，包括教材应具有某种不规定性，既成的经验、原理、规则应是一个开放的系统，是一个发展的过程，很多课题并没有确定的唯一解，应给学习者提供多种可能性实验的路径、多元化结果的可能性。问题、知识、方法可以显示出趣味性、戏剧性，能够激发学习者的探求欲望。它留给学习者思考的线索、探索的空间、尝试的可能及方法。

由合肥工业大学出版社出版的《高等院校应用型设计教育规划教材》，即是在当下对教材编写、出版、发行与应用情况，进行反思与总结而迈出的有力一步，它试图真正使教材成为教学之本，成为课程的本体的主导部分，从而在教材编写的新的起点上去推动艺术教育事业的发展。

邬烈炎

南京艺术学院设计学院院长　教授

目录

目 录
CONTENTS

11　第一章　概论

第一节　家居室内设计的基本概念
第二节　家居室内设计的源流与发展

23　第二章　家居空间设计的构成要素

第一节　家居空间构成要素
第二节　家居色彩构成要素
第三节　家居材料构成要素
第四节　家居光线构成要素

50　第三章　家居室内环境的陈设整合设计

第一节　家居室内环境的家具设计
第二节　家居室内环境的陈设设计
第三节　家居室内环境的绿化设计

57　第四章　家居室内空间设计基础与表现

第一节　家居室内空间设计基础
第二节　家居室内空间设计的程序
第三节　家居室内空间设计表现

65　第五章　家居空间设计的具体内容

第一节　家居建筑空间的类型及特征
第二节　家居室内空间的具体内容

97　第六章　家居室内空间设计实践案例评析

案例一　优秀家居空间布局设计赏析
案例二　优秀家居空间工程案例赏析
案例三　学生实践设计方案点评

120　参考文献

前言 ED

　　今天，随着我国家居室内设计水平的不断提高，丰富多彩的现代艺术空间和表现形式不断涌现，家居室内设计呈现出推陈出新的骄人景象。观念的更新，设计的创新，已成为家居室内设计发展的趋势。《家居设计》这门教材的编写，旨在通过学生对家居室内多元化内容的学习，使学生能够全面概括地了解家居室内设计的原理与方法，熟知家居室内设计的具体内容。在把握好理论与实践基础知识的同时，强调以适用、经济、美观为原则，倡导加强生态、环保意识，启迪学生运用新观念、新技术、新思路创造美好的家居室内环境。

　　本书是根据普通本科艺术类家居室内设计教学大纲、教学计划的要求进行编写的，希望能用系统的方法阐述家居室内设计的基本概念和设计方法，强调普适性、系统性和实践性，注重理论联系实际，力求直观地将专业基础知识与案例图片资料汇集成册，呈现给读者。本书可作为普通本科艺术类室内设计系列课程的教材，也可供专科院校艺术设计专业使用和从事室内设计相关专业的人员阅读。

　　本书的编辑，得到了王淮梁教授、陆峰教授的大力支持和帮助，在此深表谢意。同时，本书的编写查阅、参考了许多专业书籍，在这里要感谢对本书具有参考价值和启发作用的书籍的作者们。由于编写时间仓促，编者水平有限，资料收集也有一定的局限性，难免有些疏漏和谬误，书中不妥之处，敬请广大读者、专家、同行不吝批评、指正。

牛牛

2009年9月

第一章　概论

▶ 学习目标：通过本章的学习，让学生对家居室内设计的概念和目的有一个比较清晰的认识，了解家居室内设计与建筑的关系，熟悉家居室内设计的历史及发展趋势。

▶ 学习重点：准确理解室内设计与建筑的关系，注意家居室内设计与其他相关概念的区别，了解家居室内设计的发展过程。

▶ 学习难点：在了解家居室内设计发展过程的基础上，把握当前家居室内设计的发展趋势。

图 1-2

家是人类生活的最基本需求，从穴居、半穴居到巢居，进而出现有方形或圆形草庐和高出地面的干阑建筑。人类在不断地解决御寒、栖身等生理需求的同时，也在不停地追求精神的感受。随着社会的不断进步、经济的不断发展和人民生活水平的不断提高，人们对家居环境的认识与要求也在不断地变化与提升，对于住房，已经不满足于居住场所简单的物质层面，而是追求一种安全、舒适和温馨的家居环境，这样才能适应人们物质和精神生活水平的不断提高和社会的不断发展。

图 1-3

▶ 第一节　家居室内设计的基本概念

一、家居室内设计的基本概念

人类自从摆脱穴居，开始构巢而居以来，居住室内设计就始终伴随着人们的生活。在人类的生存环境中，随着科学技术和社会文明的进步，人们的住宅观念不断演变，家居空间设计在漫长的历史演化过程中也发生了很大的变化。（图1-1、图1-2、图1-3）

图 1-1

图 1-5

图 1-6

家居设计是室内设计的一个领域，家居空间设计的对象是各种类型的住宅，如别墅型住宅、集合式住宅、宿舍式住宅等，家居设计是根据建筑所提供的内部空间环境，综合运用物质技术手段对其进行组织和利用，创造出满足人们物质生活和精神生活需要的室内空间环境。家居设计虽然具有室内设计的一般性规律，同时也有自身的一些特点，如空间规模尺度小巧、空间形状简单实用、功能完备且组织丰富、动静分区明确、经济性与实用性要求高等。近年，我国的房地产行业如雨后春笋般迅速发展，室内设计的水平也随着改革开放的大好形势不断提高。然而，由于它自身发展的历史并不长，无论是设计理论还是社会实践都与发达国家有一定的距离。因此，作为走入新世纪的室内设计师，应充分了解当前我国室内设计的发展步伐与水平，从中国的国情出发，创作出有特色、有文化，适用、经济、多样的设计作品。

目前国内设计界对家居室内环境设计的概念理解与界定有两种不同的看法：

一部分设计师认为，家居室内设计是住宅建筑设计的一个组成部分，是建筑物在土建设计完成后，紧接着的后续设计部分，是对建筑设计的补充和完善。因此家居室内空间的设计应该是对住宅建筑设计的深化，在设计的时候首先应该考虑空间布局、功能的完善等等，主要是对室内平面布置、空间组织、围护建筑结构表面的装饰处理、照明的运用以及室内家具、织物、装饰品、植物的选用等。

另一部分设计师则认为，家居室内设计和住宅建筑设计是两个相对独立的过程，家居室内设计虽然是在建筑设计的基础之上进行的，但它却是建筑设计的继续、创造、发展。家居空间设计的内容要比建筑空间设计、结构设计复杂得多，这是因为家居室

图 1-4

内设计必须与不同个性的业主接触，必须研究各类不同业主的心理需求以及如何使他们感到满意和兴奋。家居室内空间环境设计融合了建筑学、环境心理学、行为学等学科，是一门综合性的学科。

二、建筑设计与家居室内设计的关系

建筑设计与家居室内设计的关系如果摆不正，其他的问题就无法从根本上解决。

建筑设计往往有许多的"先天不足"，所以在家居室内设计时首先要调整空间关系，这就需要室内设计师运用自己的专业知识，从合理利用空间的角度，对建筑空间进行空间的再创造。如果这一环节的工作未做好，即使装潢得再好，各种空间关系还是混乱的。因此，空间关系才是家居设计的灵魂，应该是建筑设计和家居设计共同关注的焦点问题。但是就建筑设计与家居设计所关心的空间而言，是有区别的，建筑师关心的是空间的体量、尺度、衔接、过渡这些大关系；而家居设计师更多地关心空间感的问题，这是一个相对细化的设计过程。它涉及家居设计中的形、色、光、材料的质感，这些都直接影响人的心理和情感因素，要靠家居室内设计师去营造，这一点建筑设计师是很难做到的。（图1-4、图1-5、图1-6、图1-7、图1-8）

图 1-8

图 1-7

从设计程序上看，建筑设计在先，室内设计在后。但也不能说室内设计总是处于被动地位，从某种程度上说，家居室内空间环境设计可以通过内部空间的艺术表现力，生动地反映室内空间的性格与主题，弥补建筑设计中的不足，改善室内空间的视觉效果。

国家针对建筑设计出台了很多相对应的规范，作为室内设计师，我们要学习、了解建筑设计方面的规范。如果我们不懂得或不熟悉这些规范，可能就会破坏这个建筑的完整性和安全性。同时，家居设计师还要仔细分析、研究建筑的朝向，建筑的结构特点，建筑的采光与通风，建筑的管线位置等等。这些建筑内容都会对家居室内空间设计的合理性与功能性产生直接的影响，因此要巧妙地处理好建筑设计与家居室内设计之间的协调关系。

三、家居室内设计的基本内容

家居室内设计是一个复杂的人工环境的总体营造，其内涵要比家居装饰和家居装修的范围广得多。家居室内设计除了人的审美因素外，还包含了现代工程技术、材料、经济以及文化、心理等综合因素，概括起来，家居室内的设计包括以下几个方面：

1. 建筑空间再设计。是指设计师在原建筑空间的基础上，根据建筑结构的许可，有效地、合理地、安全地组织空间关系，而不是消极、被动地受现有空间的制约，完全跟着建筑设计跑。（图1-9）

图 1-9

2. 空间界面设计。是指构成空间的各个面的设计，主要是地面、墙体、天棚以及隔断等围合空间的界面。空间界面的设计要根据围合面的使用性质和功能特点，通过对材料的选择，设计出界面的形状、肌理、色彩，要使室内的形、色、质融为一体，成为赏心悦目的视觉艺术享受。（图1-10、图1-11）

3. 家居陈设设计。家居室内的陈设艺术设计主要是对家具、设备、灯具布置、装饰艺术品、植物等方面进行专项设计。家居陈设艺术设计对烘托室内环境气氛、形成室内设计风格等方面起着至关重要的作用。（图1-12）

4. 家居物理环境设计。主要是通过对室内空间的处理来协调室内声学、光学和热工学等方面的不同要求。包括采光、照明、通风、隔声、防湿等涉及人们居住的物理环境及与之相配套的水电设施设计。家居物理环境设计对室内的使用功能影响重大，因此也是家居室内设计的重要组成部分，设计师在进行设计时必须统筹考虑。

图 1-10

图 1-11

图 1-12

图 1-14

第二节　家居室内设计的源流与发展

一、室内设计与室内装潢、装饰、装修

我国室内设计发展的初期，很少提"设计"四个字，而是称之为装潢、装饰、装修，而这些与现在所说的"设计"，在概念上有一定的区别。

室内装潢：是涵盖工程所有装饰的总称。室内装潢工程通常是指两种情况：一是新建工程的土建完成后，继续对该工程进行特别的艺术深化装修；二是已建工程改变用途，进行改造时特别的艺术深化装修。

室内装饰：可作"修饰"、"打扮"解。但室内装饰的内容包罗万象、有简有繁，涉及艺术风格、雅俗品味、个人喜好等，一般应根据具体情况处理。

室内装修：是建筑工程的术语，是工程施工的最后一道工序。根据字义"装"也作"妆"，"修"作"修饰"解，即是对结构墙、柱、梁、地面、楼板、门窗、隔断等界面作最后的整修

图 1-15

图 1-13

装点。室内装修偏重于材料技术、构造做法、施工工艺等方面的处理，实质上"装修"也包含了装潢、装饰的内容，但没有单项装潢工程那样特殊的要求。

室内装潢、装饰、装修反映了室内设计部分内涵和内容，是室内环境设计的一个组成部分。而室内设计则以人在室内的生理、行为和心理特点为前提，综合考虑室内环境所存在的各种因素来组织、设计空间，包括硬件空间环境设计、软件空间环境设计。它不仅仅要满足使用者的物质生活需要，还需满足使用者的精神文化需求，只有把室内装潢、装饰、装修纳入家居室内设计的系统规划中，结合人体工程学、行为科学、视觉艺术心理，从生态学角度对室内空间作综合性的处理，才能使其具有积极深刻的意义。（图1-13、图1-14、图1-15、图1-16、图1-17）

二、家居室内设计的教育状况

家居室内空间环境设计作为环境艺术设计专业的一门主要课程，已在我国的艺术设计学科中遍地开花，呈现出蓬勃发展之势。家居室内空间环境设计虽然只是环境艺术设计下的一个子课程，但从其发展来看是比较成熟的，基础教育理论建设已形成完整的系统，社会技术实践成果十分丰厚。根据市场对本专业的需求，国内高校家居室内空间环境设计教育主要分为两种方式：

一种是以清华大学美术学院为代表的国家重点院校所提倡的，着重培养创意型设计人才的教育模式。此类院校经过多年探

图 1-17

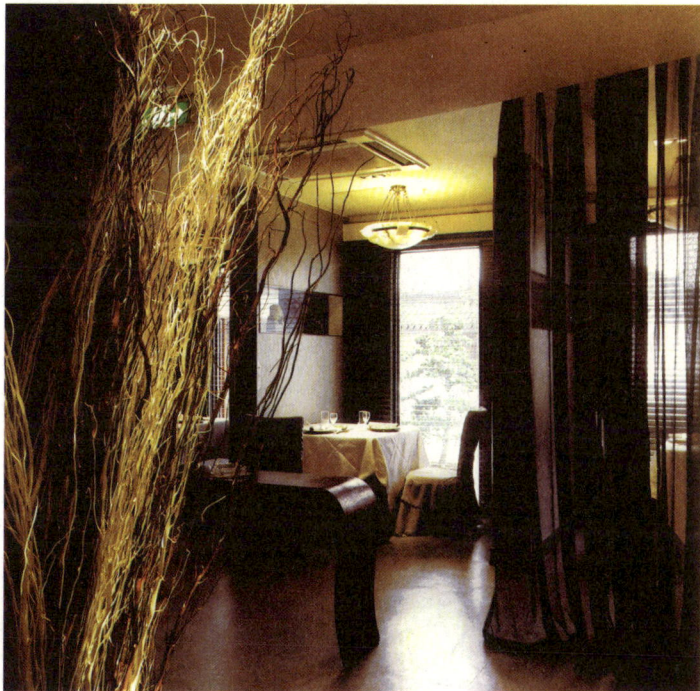

图 1-16

索，逐步形成理论、技术、社会实践相互联系的课程结构体系，为学生提供科学理性的依据和思维方法，致力拓展学生的设计语言，着力培养具有组织与管理能力，高层次的领袖型人才。

另一种是普通院校侧重学生动手能力的训练，培养应用型设计人才的教育模式。这类院校根据各自办学特点，努力培养学生的设计表现及实际操作能力，帮助学生掌握结构、材料、施工图等方面的知识，不断提高学生的社会适应能力。

三、家居室内设计的历史及发展

1. 家居室内设计的历史

无论是西方石结构建筑发展的历史，还是中国传统木结构建筑的沿革，人类社会的居住环境是从低级向高级逐渐发展演变的。在漫长的人类历史发展过程中，我们可大致用三个阶段来划分居住室内环境设计的历史发展。

首先是人类文明进程的早期，人类的祖先逐渐掌握了营造最基本的居住需求的地面空间技术，最原始的室内设计从居住空间设计开始出现。但是这一阶段的居住环境由于技术能力和拥有的物质财富极为有限，居住环境主要是解决人类的基本生存问题。如在我国黄河中游原始社会晚期的仰韶文化时期，人们已经开始为改善自己的生存环境而努力了。从仰韶文化时期的房屋建筑遗址可以看出，我们的祖先早在5600年前就按功能需要在室内设置了土台、火塘，并在房屋旁设计了畜圈。室内的墙面已能够采用

图 1-18

细泥抹面，并用火烧烤表面使其陶化，以避潮湿，地面已开始用芦苇铺设等作为地面防水。从历史遗留下来的大量遗迹来看，人类在文明进程的早期就体现出了技术和艺术的特征，体现出了居住环境方面的设计意识。

其次是人类文明发展到了一定的时期，居住环境的发展也进入了一个新的阶段。随着生产力的不断进步，经济得到了发展，社会阶层的分化以及社会财富的积累，人生享乐的主张在居住环境设计中得到了重视。在封建帝王统治下的中国，少数王公贵族居住的豪华宅第里，多是雕梁画栋、华丽异常。欧洲这一时期的居住室内环境设计往往也是追求视觉上的愉悦，特别是在细节上的处理，无不尽情雕琢、细致刻画。达官贵人们为了炫耀自己所拥有的财富，为了满足其感官上的舒适与精神上的虚荣，昂贵的材料、奇异的珍宝、无价的艺术品都被带进了居住室内空间。这一时期的居住室内环境设计，反映了统治阶层少数富家房屋一味追求豪华的内部设计，不惜用大量昂贵材料进行堆砌的设计风格。

直到工业革命以后，人类在居住室内环境的设计上才跨入了一个崭新的时期。工业革命在全世界范围内带动了机器批量工业化生产方式，它开创了建筑及居住室内环境设计的新天地。钢材、玻璃、混凝土以及批量生产的大量装饰材料，给设计师带来了更多的选择。新材料、新技术极大地丰富了居住室内环境设计的学科内容。更为重要的是，工业革命给人们带来了观念上的变更，最终导致了艺术与设计观念的全面革新。包豪斯运动引发了一场对传统艺术与设计划时代的革命风暴，经过不断的实践与探索，现代居住室内环境设计也日趋完善。

进入21世纪，随着中国经济进一步融入国际市场体系，中国各个领域对外交流在不断增多，中国室内设计与国外的交流、融合更是迅速提升。（图1-18、图1-19、图1-20、图1-21）

图 1-20

图 1-21

图 1-19

图 1-22

图 1-23

2. 家居室内设计的发展趋势

随着科技的发展，时代的进步，人们对传统的家居室内空间设计有了不同的看法与要求。首先，现代家居室内设计比较强调自然、简洁表现方式；其次，它更强调家居室内环境的生态关系，注重家居室内的"绿色"、"环保"质量，在更高层次上保证人与居住空间环境的协调关系。当今全球化趋势不断加强的背景下，家居室内设计的形式与内涵也出现了各种变化与探索的可能。这就给家居空间设计提供了新的理论研究和实践契机，也使家居室内设计的发展面临新的冲击。在设计创作中，新材料、新工艺、新技术手段，使室内空间在造型和功能上有了突破性的发展。总的来说有以下几种发展趋势：

（1）生态化设计：随着现代居住密度的增大，人类生存环境负荷日趋加重，环境质量不断下降，人们越来越重视家居空间的健康与质量。家居空间设计应该以人类的健康和发展为根本，最大限度地提高能源和材料的安全、科学使用效率，使用对人体健康无害的环保型装饰材料。如光电板太阳能系统、高分子复合材料、纳米材料以及无毒害、无污染、无异味的水性环保型油漆等，创造一个温馨、舒适、安全、健康的绿色生活环境。充分尊重、利用自然资源，减少环境污染，减少对人工能源、不可再生能源的依赖，将家居空间设计纳入一个与环境相通的循环体系，是家居空间设计发展的一种主要思路。（图1-22、图1-23）

（2）人性化设计：城市化的发展给我们留下了千篇一律的建筑空间，还有随之而来的快节奏生活模式。这些同一化居住环境空间让人们感到乏味，也带来了邻里关系的淡漠。因此，设计师在家居室内空间的设计上要充分体现人性化、个性化设计，应该考虑业主的职业、性别、年龄、兴趣爱好、生活方式等因素，突出"以人为本"的宗旨，合理地利用各种设计元素，为使用者创造一个舒适、惬意的，并具有文化内涵的居住空间环境。（图1-24、图1-25、图1-26、图1-27）

（3）标准化设计：过去的室内装饰工程都是在现场制作的，这样的劳动强度大，施工周期长，工程质量没保障，也很不经济。随着社会化大生产的提高，家居空间设计已经逐步发展成为规范化、标准化、工业化的社会产物。首先，由于住宅建筑本身标准化、定型化的设计，室内设计师在一般情况下不用考虑哪里是厨房，哪里是卫生间。其次，由于装饰材料成批量的生产，尺寸越来越大、质量越来越轻、规格越来越标准。在家居空间设计时，设计师的选择只能在这些标准化的材料中进行。家居装饰实现了工厂化加工，现场安装的标准装配式施工，如目前的厨房家具工厂化、卫生间设备一体化、整体饰面装饰门窗、吊顶用轻钢龙骨及相关配套的各种装饰板材等。

（4）智能化设计：科学推动社会的发展，同时也提高了家居空间的品质。随着计算机技术、网络通信技术、综合布线技

图 1-24

图 1-25

图 1-26

图 1-27

术、多媒体技术的发展，家居室内环境的自动化设备与信息技术日益相互渗透结合。如今住宅建筑管理智能化的出现，以它先进的楼宇自动化系统、通讯自动化系统、照明自动化系统、厨房自动化系统、安保自动化系统，为人们提供了一个高效舒适的室内环境。因此，科学技术智能化设计在家居空间中发挥的作用，不再是单纯对于材料及设备的改进，而是对于整个家居空间设计观念的影响。优化人们的生活方式，增强家居生活的便利性和安全性，并能为住户提供智能的管理和能源的节约，这是现代家居空间设计发展的必然趋势。（图1-28、图1-29）

思考与练习

1. 谈谈你对现代家居室内空间概念的理解？
2. 你认为室内设计、室内装饰、室内装潢、室内装修有何区别？
3. 你认为未来家居室内空间设计的发展趋势及特点体现在哪些方面？

图 1-28

图 1-29

第二章　家居空间设计的构成要素

▶ 　学习目标：通过本章的学习，让学生掌握家居室内空间构成的基本知识和设计技巧，熟悉家居室内空间色彩设计的原则与方法，对家居室内空间设计中的材料应用与设计有一定的认识，了解家居室内空间的照明方式和光环境设计的规律。

▶ 　学习重点：让学生掌握家居室内空间、材料、色彩、照明设计在具体设计中的应用的技巧与方法。

▶ 　学习难点：由于学生对实际空间的掌控能力较弱，在设计中很难把握好一个"度"，应加大实践教学环节的力度。

▶ ## 第一节　家居空间构成要素

　　家居空间是住宅建筑物内部由地面、顶面、墙面三个基本要素组成的不同功能的房间。这些空间都有其特定的条件和功能要求，而针对这些空间的设计是家居室内设计的重要基础和核心内容，巧妙地处理和利用空间。有时可以突破原有建筑空间的局限，充分满足家居室内空间的使用需求。（图2-1、图2-2、图2-3）

一、空间尺度

在家居室内设计中，物体的大小、空间的长宽都是通过尺度

图 2-2

图 2-1

图 2-3

来体现的。不同尺度的空间变化可以给人带来不同的视觉感受，如水平方向的空间给人一种平和、低缓和宁静感，当人们身处其中时有一种亲密的心理感受。垂直空间给人以庄重、肃穆和压迫的感觉，同时也给人以不稳定的心理状态。曲线空间给人以变化丰富、神秘好奇的感受，容易引发人们探索新奇的心理。

从家居室内设计的角度看，空间尺度的把握得当与否，是衡量一个设计师设计能力的基本标准。家居环境的空间尺度与其他公共空间的尺度相比，有很大的区别，空间显得细巧精确。在家居室内设计中，设计师要利用人的心理尺度和生理尺度来调整相关空间、相关家具、相关器物之间的空间尺度关系，使各种不同的物理尺度深入到人们的生活行为之中，让业主获得适合的空间心理尺度和生理尺度。从室内人体活动的角度看，人体的运动有一定的尺度，活动能力要有一定的限度，无论是站立、坐卧、行走、做事等都有一定的空间范围和方式。因此，对于与活动有关的室内空间设计和设备、家具、陈设、器物等内容的设计都必须

图 2-5

图 2-6

图 2-7

图 2-4

考虑居住者的人体因素，熟悉、掌握人体工程学的基本原理，使空间有效利用率得到最大限度的提高。随着社会的发展，人们越来越注重对人体工程学的研究，这也体现了对人性化设计的充分重视。（图2-4、图2-5、图2-6、图2-7）

人体工程学是以人体测量学、生理学、心理学和环境心理学等学科为基础，综合地进行人体结构、功能、心理及生理等问题研究的学科。尺度问题是人体工程学最基本的内容，设计师科学地、合理地掌握人体尺度和室内空间的关系，对于提高环境质量，创造健康、安全和舒适的生活空间等方面具有很大的指导意义。

1．人体尺度

人体尺度从形式上来讲可分为静态和动态两种尺度。

（1）静态尺度：即人在站立、坐卧时的基本尺度。常用的尺寸有身高、坐高、臀部的高度、膝盖高度、臀部至膝盖长度、膝弯高度、大腿厚度、臀部至膝弯长度、肘间宽度等。（图2-8）

（2）动态尺度：是指人在进行某种功能活动时的人体尺度。人体的动作千变万化，行走、弯腰、举手等都会表现出不同的形态。要针对人从事的某种活动的尺度来满足不同空间的需求。（图2-9）

2．人体尺度与室内空间

人体活动所需要的空间尺度是确定各种家居室内空间尺度的主要依据，在设计中要根据业主的性别、年龄、身体高矮来确定所需空间的尺度。家居室内空间设计应从以下三个方面考虑人体尺度。

（1）从居住者中以较高的人体尺度来考虑家居室内空间的尺度，例如业主男子的身高为1800mm，室内空间的设计就必须以此尺度为最低限度，如门洞的高度、床的长度、淋浴头的高度等。

图 2-8

图 2-10

图 2-11

图 2-12

（2）从居住者中以较低的人体尺度来考虑家居室内空间的尺度，例如家庭子女的最低身高为1200mm，室内空间的设计就必须以此尺度为参考依据，如洗面盆的高度设计要考虑孩子能否够得到，楼梯踏步的高度设计也要考虑适合孩子使用。

（3）从我国成年人均身高来考虑家居室内空间的尺度，我国成年人的人均身高男的为1690mm，女的为1580mm。如家居室内空间环境中的餐桌、餐椅、书桌、书椅以及电视机摆放的高度等。（图2-10、图2-11、图2-12）

二、空间形式（类型）

随着人们逐步加深对空间环境的认识，为了满足对丰富多彩的物质和精神生活的需要，就必然追求室内空间类型的多样化。空间类型是根据不同的空间构成所具有的性质特点来进行区分的，以利于在组织设计空间时选择与运用，常见的空间类型有：动态空间和静态空间、固定空间和可变空间、开敞空间和封闭空间、虚拟空间和虚幻空间、模糊空间和共享空间、下沉空间和地台空间、凹入空间和外凸空间、结构空间和悬浮空间、母子空间和不定空间、流动空间和交错空间等。这些不同类型的空间不是绝对对立的，而是相对具有一些空间的共性特征，可以帮助设计师根据空间形态的特征及构成规律来加深对室内空间的认识。

三、空间的分隔

家居室内空间的分隔是形形色色的，可按功能的具体需求进

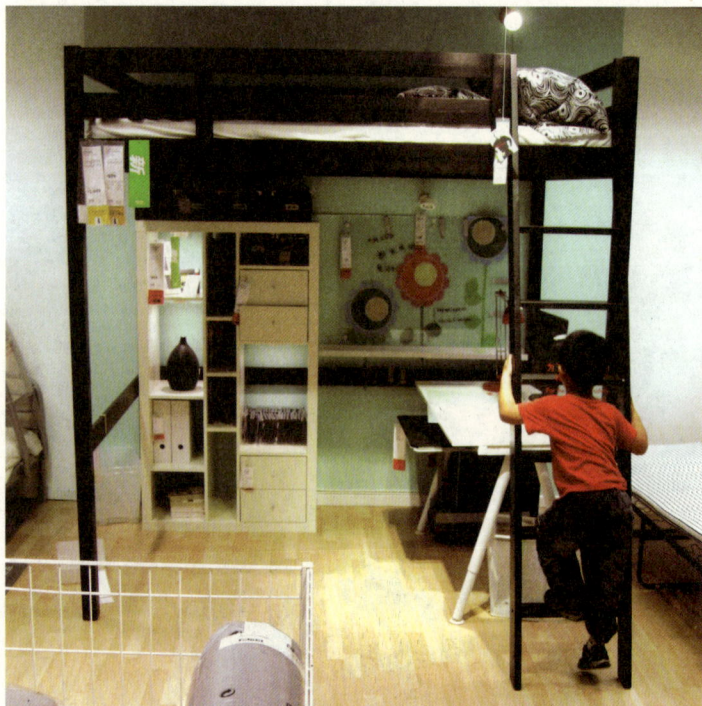

图 2-9

行各种处理。利用丰富多彩的材料、交叉变化的造型、光线的明暗虚实、陈设的大小高低等种种手法，都能产生形态变换的空间分隔。家居室内空间的分隔可以归纳为以下两种方式。

1. 垂直型分隔

垂直型分隔空间的方式是除了建筑物的构件墙体分隔空间外，可以利用隔断、家具、帷幔及绿化等将室内空间作竖向分隔。

（1）建筑结构分隔空间

是指利用建筑的墙、柱、框架、拱券等进行自然而巧妙的分隔，既利用了建筑物的原有结构，又节省了分隔所占用的室内空间。（图2-13）

图 2-13

图 2-14

图 2-15

图 2-17

图 2-18

（2）隔断分隔空间

是指利用轻质材料的实体隔断来分隔室内的空间，如铝合金玻璃隔断、木制玻璃隔断、活动折叠隔断等。（图2-14、图2-15、图2-16）

（3）家具分隔空间

家具分隔空间是家具室内设计中最常见的一种分隔方式，它可以灵活多变地组合空间。如利用酒吧台、酒柜来分隔厨房与餐厅空间，利用组合沙发来分隔客厅与过道空间，利用博古架、展示柜来分隔餐厅与客厅空间等。（图2-17、图2-18）

（4）软装分隔空间

软装分隔空间是指用帷幔、垂帘、线网等软装饰材料来进行空间的分隔。如可以在楼梯处用垂珠帘来分隔楼梯与客厅空间，利用垂帘来分隔淋浴室与如厕空间等。（图2-19）

（5）其他分隔空间

除了以上几种空间分隔方式外，还可以用绿化植物、艺术品、装饰灯具等吊挂、摆放来分隔室内空间。

2. 水平型分隔

水平型分隔的方式是利用室内空间的水平方向而作的种种分隔，如利用地台、天棚等对家居空间的水平分隔。

（1）天棚分隔空间

天棚分隔空间就是利用吊顶的材料、色彩、造型、高低差来进行空间的分隔，如居住面积较小家居空间里，利用顶部的不同的造型与落差把客厅与餐厅进行视觉空间上的分隔。这样的分隔可以打破室内空间的单调感，丰富室内环境的空间变化，增加室内的空间层次感，使室内空间产生共享优势。（图2-20）

图 2-16

（2）地面分隔空间

地面分隔空间是用不同的材料、不同的铺装、不同的色彩进行区域间的地面分隔，也可以局部用地台的方式分隔地面，通过突出地面，暗示出两个空间区域。如在较大的客厅空间里抬高局部一块地面放置钢琴，再配以顶部的造型、灯光与之相呼应，可以形成弹钢琴的独立空间区域，还能增加视觉空间的造型效果。

四、空间处理技巧

如何创造出功能合理、舒适美观、符合人生理及心理要求的生活环境，是每一个设计师应有的社会责任。这就要求设计师在家居室内空间设计中必须灵活正确地运用空间造型技巧，处理好以下几个问题：

1. 空间的合理利用

对建筑所提供的内部限定空间有效地利用，并合理地调整空间的尺度和比例，解决好室内空间的交通流线，尽量避免走道迂回曲折，走廊或通道愈多，实用面积就愈小。根据室内空间的使用功能及使用频率来划分空间比例，因地制宜、按需分配，充分节省室内剩余空间，合理利用室内陈设、家具的灵活多变性能，将各种不同的剩余空间进行调整。（图2-21）

2. 增加空间开阔感

空间的大小不仅仅在于面积，通过一些恰当的设计手法，减少杂乱并合理地规划空间，可以增加空间的开阔感。如将客厅窗户及阳台移门的面积加大，让客厅室内明亮开敞、内外通透，使得客厅看起来有增大的感觉。尽量在家居室内设计中给出一个空间尺度较大的储藏室，用大存量的空间来摆放杂物，以便能腾出

图 2-19

图 2-20

图 2-21

图 2-22

图 2-23

更多活动空间。在空间尺度较小的走道、卫生间、更衣间等处，利用透光性能较强的材料进行分隔处理，再配以适度尺寸的镜面玻璃加以装饰，可以扩大房间的空间感。另外，还可以通过调节室内的光线、墙面的色彩、界面的造型、艺术品的选择等，减弱室内空间的闭塞感，让家居空间看上去宜人亲切。

3. 空间的动感与延伸

空间的概念不局限在固定的三维空间当中，人们总是在活动中感受空间。设计师应通过空间界面的分隔、家具的选择、陈设的布置等方式，使空间具有艺术气氛和活泼的流动感。如通过大尺度的转角窗、落地窗及透空的露台等通透空间，形成室内空间向外延伸融为一体的空间流动感。还可以利用室内界面材质、造型与色彩的暗示与设计，让使用功能空间的内涵得以延伸。（图2-22、图2-23）

▶ 第二节　家居色彩构成要素

人只要有视力，就会感觉到生活中五光十色、七彩缤纷的色彩，它对于人们的日常生活环境起到了重要的影响作用。色彩不知不觉地改变着人们的心情与感受——引起兴奋和欢乐、苦恼和悲伤。所以，对色彩的基本原理、美学内涵和艺术表现形式与家居室内设计的应用研究是十分重要的。

一、色彩三要素

在运用色彩之前，首先要通过了解其内在规律来更好地掌握和研究色彩。构成色彩的三个重要因素是色相、明度和纯度，也就是我们常说的色彩三要素。

1. 色相

色相也称色别——不同色彩的原貌，它反映不同色彩各自具有的品格，并以此区别各种色彩。如通常说的红、橙、黄、绿、青、蓝、紫，这些色彩的名称就是色相的符号，它们也是色彩最基本的色相，将它们按光的波长顺序排列起来，就可以得到像光谱一样美丽的色相系列。

家居室内设计中的色彩极其丰富，作为设计师，如何提高自己的辨色能力是至关重要的。只有善于观察，善于比较，从比较相近的色彩中发现其间的差别，如红色有深红、曙红、大红、朱红，蓝色有普蓝、钴蓝、湖蓝等差别，它们的色差能造成家居室内环境氛围的变化，给人们的心理和生理上产生各种不同的感受。（图2-24、图2-25、图2-26、图2-27）

2. 明度

明度就是色彩本身明暗的程度，同时指一种色彩在不同强弱光线照射下呈现出不同的明暗程度。（图2-28、图2-29、图2-30）

在家居室内设计中，同一色相的色彩由于受光角度与强度不一样，明度是不同的。如红色的桌布在不同的受光条件下，就会产生暗红、深红、淡红的不同感受。所以，明度的高与低表达了色彩的明亮程度，通过减少或增加色彩的亮度，可以调节同一色相色彩的明度。

3. 纯度

纯度即色彩的纯净程度，又称为色彩的彩度、饱和度。是指色彩中含有黑、白成分的多少，标准色的色彩纯度最高，因为它既不掺白也不掺黑。在标准色中加白，彩度降低明度会提高；在标准色中加黑，彩度降低明度也会降低。

在家居室内设计中，某种色彩鲜艳夺目，与其他环境色及不协调，就是因为它的纯度太高，应降低其纯度，使整个环境的色彩协调统一。

二、色彩对人的心理作用

人们对于不同的色彩会产生不同的心理感觉和心理效应，在

图 2-25

图 2-24

图 2-26

图 2-27

图 2-30

图 2-28

图 2-29

设计中，很多时候都需要利用色彩在心理上造成的一些特殊感受，来达到装饰设计的目的。色彩对人的心理感应，综合起来看有以下几方面：

1. 色彩可以表现主人的性格：人们对色彩的审美是一种主观意识，不同的年龄与经历、不同的性格与情绪、不同的文化与修养的人，对色彩的喜好与感受是不同的。一般而言，年轻人偏爱亮丽、活泼的色彩风格，而中老年人则更喜欢稳重、深沉的色彩风格。性格开朗的人会喜好明快艳丽的色彩，沉静理智的人会偏爱中性色彩。不同文化修养的人对色彩具有不同的审美标准和感受，这是一个值得家居室内设计师研究、探讨的问题。（图2-31）

2. 可以调节室内的光线：不同彩度和明度的色彩会影响室内光线，色彩明度越高，反射率就越高，色彩越暗，反射率就越低。因此，在住宅室内设计中顶部往往选择较亮的色彩，这样反射率就比较高，可以很好地调节室内的光线。

3. 可以调节室内空间感：不同色彩的界面可以给家居室内带来不同的空间感受，室内顶、墙、地的色彩对房间的性质、人的心理知觉和感情反应能造成很大的影响。如深色的墙面会使空间距离感觉变短，深色的顶面让人感到空间变低；浅色会使室内空间感觉变大，顶部感觉变高。冷色调的色彩可以扩大空间的距离感，而暖色调的色彩会让人感到亲切，能缩小空间的距离感。

4. 可以调节人在室内的情绪：色彩对人的行为和情绪有着直接的影响，给人们的心情带来变化。粉红色、淡紫色给人一种温馨、活泼与快乐可爱的感觉，适合于儿童房间及卧室的色彩设计。书房是读书、学习的空间，需要有一个宁静、凉爽的感受，色彩宜选用明度高的冷色或中性色系列，这种环境能

图 2-31

够提高人的精神。客厅是一个公共区域，所以需要烘托出一种友好、亲切的气氛，颜色选择要考虑墙面、沙发、电器、植物直接的层次，注意色彩间的协调与对比关系，创造热烈活跃的家居空间氛围。（图2-32、图2-33、图2-34、图2-35）

三、色彩设计应用技巧

1. 色调的选择

在家居室内环境中，通过色彩的色相、纯度、明度的综合变化，产生对一种色彩结构的整体印象。色调的种类有很多，下面列举几个色调搭配的例子：

青春亮丽型色调：中心色为浅黄色。艳丽的浅黄色墙面，上面布满房间主人各种尺寸的照片，淡紫色家具配以时尚的音响器材，让空间显得轻松、活泼。（图2-36、图2-37）

活跃轻快型色调：中心色为浅蓝色。地毯灰色，窗帘、床罩用蓝白印花布，沙发、天花板用浅灰色调，加一些绿色植物衬托，气氛雅致。

轻柔浪漫型色调：中心色为柔和的冷绿色。地毯、灯罩、窗帘微冷的白色，房间局部点缀其他色彩，具有浪漫清新气氛。

都市时尚型色调：中心色为浅紫灰色。明亮的浅灰色乳胶漆墙面，紫色的真皮沙发，象牙黄色的窗帘饰有简洁的图案。家具

图 2-32

图 2-33

图 2-34

图 2-35

材料选用不锈钢、倒边钢化玻璃、黑色防火板，上面摆放几件红色的线条简洁的玻璃艺术品。（图2-38、图2-39）

典雅温馨型色调：中心色为咖啡色。浅黄色沙发，暖色调照明光源，浅褐色垂直条纹的窗帘、靠垫用深浅咖啡色相间，乳白色墙面，咖啡色实木地板。（图2-40）

华丽优美型色调：中心色为玫瑰色、地毯用浅玫瑰色，沙发用比地毯浓一些的玫瑰色、窗帘可选淡紫色印花，灯杆用玫瑰色、灯罩为乳白色。放一些黑色围边的玫瑰色靠垫、墙和家具用灰白色，再用绿色的盆栽植物点缀。可取得雅致优美的效果。

朴素自然型色调：中心色为暗红色。灰色清水混凝土墙面与局部芝麻白毛面石块相结合，暗红色的仿古地面砖、琼麻手工地毯配以深褐色的原木家具，在桌面上铺放一块蓝白相间的粗纺棉布，旁边绿色植物用藤编制的筐承载着。

稳重鲜艳型色调：中心色为酒红色。沙发用酒红色，墙面用明亮的米色，局部点缀金色，如镀金的壁灯，再加一些白色作为

图 2-37

图 2-36

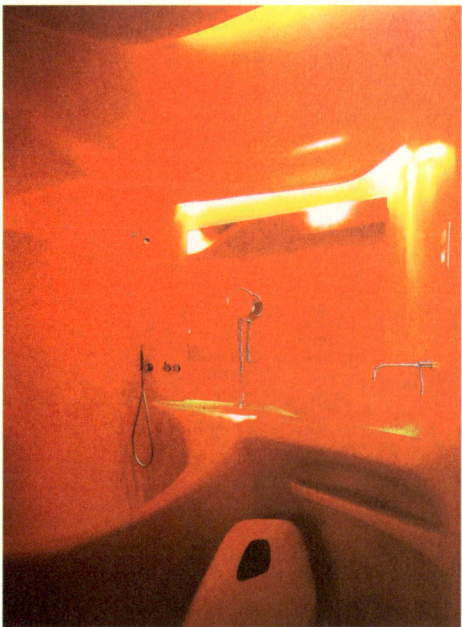

图 2-38

图 2-39

辅助，即成稳重鲜艳格调。

2. 色彩调和

色彩的调和就是两种以上的颜色相处时所产生的相互效果的统一、和谐。色彩本身没有绝对的美与不美，只有不美的色彩组织，色彩之间组织、搭配的和谐就能产生美。色彩调和的方法主要有以下几种：对比色调和、类比色调和、中间色调和。

家居室内色彩调和首先要确定总体色调，总体色调就好似乐曲中的主旋律，决定着整个家居室内空间的装饰风格。因此，在家居室内空间设计中，要从色彩整体和谐的前提下使用对比色的搭配，这样会使室内色彩既富于变化又协调统一，让环境显得既有生机又增加了人的舒适感。

光谱的排列顺序（红、橙、黄、绿、青、蓝、紫）与色彩的兴奋到消极是一致的。而处于光谱中间的绿色被称之为"生理平衡色"，以它为界限，可将其他色划分为"积极的"和"消极的"两类色彩。

在家居室内设计中，绿色常被用来平衡视觉感受，消除视觉疲劳。如在室内绿化的选择中，一般多选用常青植物，这些植物除了改善室内的空气、点缀环境的气氛外，还可以平衡人的视觉心理感受。

第三节　家居材料构成要素

一、材料的选用原则

材料的选择也是家居室内设计中一项重要工作内容。一般来说，选择装饰材料有以下三个基本原则：

图 2-40

1. 材料的环保性原则

现代装饰材料的选择使用提倡"环境保护和生态平衡"，在材料的生产和使用过程中，尽量节省资源和能源，符合可持续发展的原则。要求使用的装饰材料不产生或不释放污染环境、损害人们身体健康的有害物质，保障拥有良好的生活空间，能为人们构筑安全、健康的居住环境。

2. 材料的美观性原则

装饰材料的外观形状、质感、纹理和色彩等方面的视觉效果应考虑与室内空间性质和环境气氛相协调，空间宽大、开放的起居室与餐厅，装饰材料的表面组织可粗放坚硬，并可采用大线条的图案，以突出空间的气氛，而对于相对窄小、私密的卧室、卫生间，其装饰要选择质感细腻、体型轻盈的材料。总之，合理而艺术地使用装饰材料能使室内的装饰显得层次分明、鲜明生动、精致美观。（图2-41）

3. 材料的功能性原则

由于家居室内各功能场所对声、热、防火、防潮、防水有不同的要求，因此选择装饰材料应结合家居不同的空间特点考虑，使其具备相应的功能需要。如厨房和卫生间的墙面和顶面应选用耐污性和防水性好的装饰材料，地面宜用防水、防滑性能优异的材料。餐厅的地面则尽可能不用地毯进行装饰，因其表面容易受食物污染，滋生细菌且不易清洗。（图2-42）

图 2-42

图 2-41

图 2-45

图 2-46

4. 材料的经济性原则

家居设计应从经济角度审视装饰材料的选择，应从长远性、经济性的角度来考虑充分利用有限的资金取得最佳的使用和装饰效果（低造价、高设计），做到既能满足家居场所目前的功能和审美需要，又能考虑到今后空间的更新变化，可在设备上加大投资，以延长使用年限，保证总体上的经济性。（图2-43、图2-44、图2-45、图2-46、图2-47）

二、家居室内装饰材料的种类

装饰材料种类繁多，具体品种非常繁杂，少则几千种，多则上万种，并且现代装饰材料的发展速度又异常迅猛，材料品种更新换代很快，新材料、新品种层出不穷。材料的分类方法很多，我们这里介绍的是按材料在家居空间中的装饰部位来进行分类的。

图 2-43

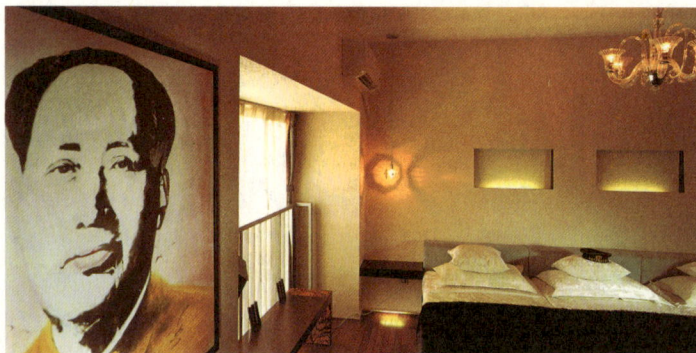

图 2-47

图 2-44

1. 墙面装饰材料

（1）石质材料：天然花岗石板、天然大理石板、人造石板、文化石。

（2）内墙砖：陶瓷面砖、陶瓷墙砖、陶瓷锦砖、仿石砖、劈离砖、贴面青砖。

（3）玻璃制品：彩色玻璃、雕花玻璃、磨砂玻璃、热熔玻璃、冰花玻璃、镜面玻璃、玻璃砖、玻璃锦砖。（图2-48）

（4）金属材料：不锈钢、铝合金、铁、铜。

（5）装饰板材：微薄木贴面夹板、软木装饰板、矿物装饰板、耐火装饰板。（图2-49）

（6）涂料：乳胶漆、浮雕漆、仿古金属漆。

（7）墙纸：纸面纸基壁纸、纺织物壁纸、天然材料壁纸、塑料壁纸、金属壁纸。

（8）墙布（包括皮革类）：化纤墙布、棉纺墙布、无纺墙布、玻璃纤维墙布、天然皮革、人造皮革。

2. 地面装饰材料

（1）木地板：实木地板、实木复合地板、复合强化地板、

图 2-49

图 2-48

图 2-51

图 2-52

图 2-53

竹质地板、软木地板。

（2）石质材料：天然花岗石板、天然大理石板、人造石板、文化石。

（3）地面砖：陶瓷地面砖、陶瓷锦砖、陶瓷玻化砖、仿石砖。

（4）地毯：纯羊毛地毯、混纺地毯、合成纤维地毯、植物纤维地毯。（图2-50、图2-51）

3. 顶部装饰材料

（1）石膏板、涂料：纸面石膏装饰板、乳胶漆。（图2-52、图2-53、图2-54）

（2）金属吊顶材料：轻钢龙骨、铝合金龙骨、铝合金条形（方形）板、不锈钢条形（方形）板。

（3）木质吊顶材料：微薄木贴面夹板、实木板条、木质装饰饰面板。

（4）玻璃吊顶材料：彩色玻璃、彩绘玻璃、雕花玻璃、镜面玻璃。

（5）塑料吊顶材料：PVC条形扣板、钙塑板、有机玻璃板。

三、如何巧用家居室内装饰材料

家居空间造型设计原则中一个非常重要的因素就是如何巧妙地运用装饰材料，体现材料的肌理与质地，材质的利用不仅是家居空间设计中必不可少的元素，也是营造居家氛围，体现现代审美的一个标志，材料应用是否得当，直接影响其使用功能、形式表现及最后的效果等等。在家居空间的造型设计中，应该充分重视材料本身的质感、色泽和纹理。下面从材料的装饰特性分析入手，围绕家居空间设计中如何巧用材料来体现室内装饰效果等问题加以叙述。

图 2-50

1. 光泽度与透明度

许多经过加工的材料具有良好的光泽，如金属、抛光花岗岩、大理石、釉面砖、瓷砖、镜面玻璃等。表面光泽的材料易于清洁，普遍应用于厨房和卫生间等容易产生污垢的地方，但是，这里特别需要强调一下，在卫生间、厨房地面材料的选择时，要考虑其防滑功能。玻璃材料的透光度好，既可作为分隔室内外空间的围护材料，又是一种具有装饰效果的装饰材料。如用磨砂玻璃、雕刻玻璃、裂纹玻璃、玻璃砖等作隔断或厨房与卫生间门的材料时，可以增加空间的广度和深度，使室内的空间感扩大。又如主卧室卫生间的隔墙采用通透的玻璃来进行处理，可获得意想不到的新鲜感。透明材料在空间中感觉是开放的、轻盈的，巧妙的设计能映出奇特的色彩，丰富室内的气氛。

2. 质地

质地一般指材料表面的触感特性，比如光滑、粗糙、柔和、温暖等。质地对于家居室内环境的变化起着比较重要的作用，不

图 2-54

图 2-56

图 2-57

同的材料在室内的装饰效果不同。比如表面粗糙的石材、未经加工的原木、毛织物等用在室内可以给人一种粗犷、原始的美。而色彩亮丽、做工精致的台布，装饰小品则给人一种细腻、雅致的感觉。因此，家居空间设计的风格与选用的材质有直接的关系，人们往往利用材质的独特性和差异性来创造富有个性的室内空间环境。比如现代、时尚的风格多采用玻璃及光面石材等光洁剔透、洁净轻松的装饰材料。而自然、古朴的风格则多用未经细加工的石材、木材等朴实粗犷、豪放大方的装饰材料。（图2-55）

3. 纹理

纹理就是材料表面的肌理，它具体表现了材料不同形象的差异，干、湿、粗糙、细滑、软硬、有花纹或无花纹、有规律或无规律等。这些纹理有用眼可以分辨的纹理，有用手可以触摸到纹理，各种纹理所表现的装饰效果是不相同的。材料的天然纹理是人工很难模仿的，如天然大理石、天然木饰面等。带有明显形状的图案和肌理效果的墙纸、墙布、薄木装饰夹板以及其他装饰材料可以调节家居室内的空间感，通过人工加工进行编织的竹、藤、织物等制作而成的墙面局部造型、屏风、家具等别有一番风韵。纹理组织十分明显的材料，拼装时需特别注意其相互关系及条纹在室内所起的作用，设计的时候应该更多地体现材质本身的纹理美，在运用一些有明显纹理的木质材料的时候，应该合理利

图 2-55

用这些天然的纹理美。例如，薄木皮装饰夹板的拼接不宜竖纹垂直连接，所以设计时要注意饰面板装饰的高度不要超过2440 mm（装饰板的长度），如需超过这个尺寸，最好做3～5 mm的分割线来装饰处理。（图2-56、图2-57）

4. 颜色

材料的颜色会给人以不同的感受，利用这个特点，可以使家居室内空间分别表现出质朴华丽、温暖或凉爽等不同的效果。材料的颜色与材料的质地有着密切的关系，颜色明度亮、纯度低的材料给人以细润、轻松、舒畅的感觉，而颜色明度暗、纯度高的材料给人以坚实、厚重的感觉。家居室内设计应将这些具有不同质感和色彩的装饰材料巧妙地组合起来，使其能营造出优美宜人的室内空间环境。（图2-58、图2-59）

第四节　家居光线构成要素

住宅装饰设计中的光环境分为自然光源和人工光源（一般称"人工照明"）两种。采光与家居室内环境设计的优劣是密切相关的。明亮的环境使人兴奋、喜悦，黑暗的环境让人恐惧不安、萎靡不振，它对人的心理起着积极或消极的影响。通过对自然光源和人工光源的控制，可以营造一个有虚有实，动静结合的光环境，并能有效地渲染居室的氛围，增加室内空间的层次。家居室内光环境的营造，并不仅仅满足其实用功能，光环境的细节因素同样能表达出人的审美心理和文化内涵。（图2-60、图2-61）

一、自然光源

自然光源是指利用白天从窗户获取的天光。自然光源是白天的主要光源，自然光源不但能满足正常的生活环境采光、照明要

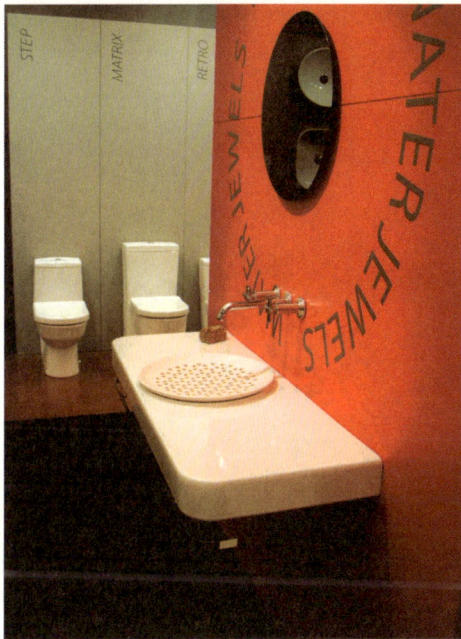

图 2-58

图 2-59

图 2-60

图 2-63

图 2-64

求，对于烘托家居室内环境气氛，以及满足人们从生理层次到心理层次对光的依赖都是非常重要的。研究表明，在阳光充足的空间里生活，儿童会显得活泼机灵，老人会感到精神焕发，就是有精神自闭的人 也会有所减轻，而且能增加许多与人交流互动的行为。（图2-62、图2-63、图2-64）

自然光源的利用一般可分为直接采光、间接采光和扩散采光三种类型。

1. 直接采光是指室内大部分的光源是自然光直接通过窗户投射到地面，就窗户的位置而言，有高窗、低窗和中间窗等。

图 2-61

图 2-62

2. 间接采光是指部分或大部分的自然光经过水平反光射入室内天花板，再由天花板反射下来。这种采光可以使光线变弱，光质柔和。

3. 扩散采光就是利用穿透性的散光材料，使投入的自然光产生扩散作用，这种采光能为室内带来温馨自然的气氛。

自然光源不仅仅受天气的左右，还会根据窗户的大小、玻璃的种类、窗外环境的通透状况、室内装饰材料的反射系数等发生变化。在现代家居装饰设计中要科学合理地利用自然光，应大胆地使用新技术、新材料，在有可能的情况下最大限度地将自然光引入室内，让我们的生活空间与自然环境相连，使家居室内设计步入一个人与自然环境相融的境界。

二、人工光源

由于自然采光因受到时间、天气、建筑空间上的限制，变化大难以控制，在家居室内空间设计中时常达不到理想的效果。而人工照明却可以随人的意志而变化，通过光和色的调节来达到理想的照明和视觉效果，营造特殊的气氛，给室内带来生机。（图2-65、图2-66、图2-67、图2-68、图2-69）

1. 照明的布局方式

照明布局的方式可分为基础照明、局部照明、重点照明与装饰照明四种。

（1）基础照明

基础照明是指家居空间里安装在天花中央的吸顶灯、吊灯等基本光源，主要是能给整个室内一个均匀、明亮、舒适的照明。如在客厅的顶部安装一个多头吊灯，以此来照亮整个空间，满足家庭待客、交谈、聚会等功能。基础照明除要注意水平照度外，更多的应该是垂直面的亮度。

（2）局部照明

局部照明是在基础照明提供的全面照度上对需要较高照度的某个局部工作区域增加的照明，如厨房的厨具与橱柜下的小型日光灯、书桌上的工作灯、床头壁灯、台灯等。选择使用局部照明时，要有足够的光线和合适的位置并避免眩光。

图 2-67

图 2-68

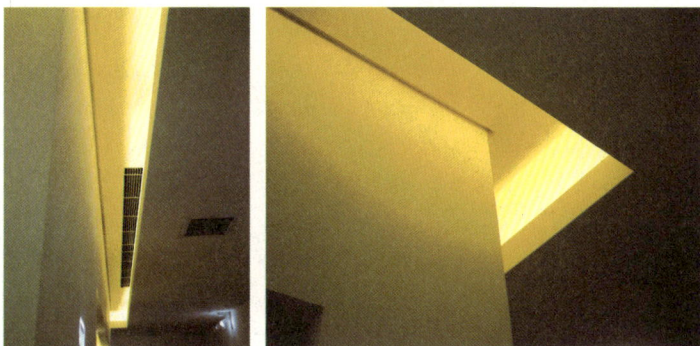

图 2-65　　　　图 2-66

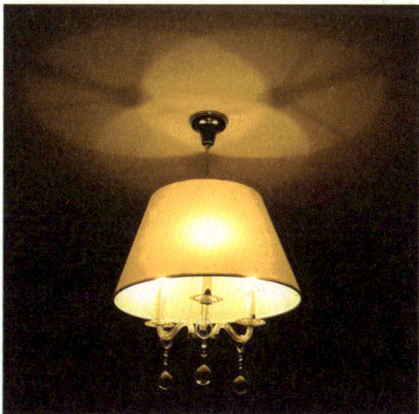

图 2-69

图 2-70

图 2-71

（3）重点照明

重点照明是指对居住空间环境中的一些特殊对象进行的重点投光。如根据设计需要对室内空间内的陈设艺术品、展示柜和绿化等局部空间进行的照射，目的在于突出物体的立体感和质感，增强特殊对象的吸引力和注意力。

重点照明常采用的灯具有墙壁式射灯、轨道式射灯、筒灯等。

（4）装饰照明

装饰照明是为了营造家居空间的气氛和意境，增加空间环境的层次感，更好地表现有强烈个性的艺术空间。装饰照明始终以装饰性为目的，不可兼做基本照明或重点照明，否则就会减弱精心设计的艺术效果。

2. 照明用光的种类

照明用光随灯具品种和造型不同，会产生不同的效果。所产生的光线可分为直射光、反射光、漫射光三种。

（1）直射光

是光源直接照射到工作面上，直射光的照度高，电能消耗少，主要用于工作时的补充光源。为了避免光线不直射入眼睛产生眩光，通常需要灯罩相配合，把光集中照射到工作面上，其中直接照明有广照型、中照型和深照型。

（2）反射光

反射光是利用光亮点镀银反射罩作定向照明，使光线受下部不透明或半透明灯罩的阻挡，光线的全部或一部分反射到天棚和墙面，然后再向下反射到工作面。这类光线柔和，视觉舒适，不易产生眩光。

（3）漫射光

漫射光是利用灯具的折射功能来控制光线的眩光，将光线向四周扩散漫射，如光线通过半透明的灯罩而产生的漫射（有磨砂玻璃罩、乳白灯罩等）。漫射光线的光质柔和，视觉舒适，给人以很好的艺术效果，最适合于卧室使用。

在家居室内照明中，这三种光线各有不同的效果和用途，它们之间相互配合能产生多种照明方式。

3. 提倡绿色照明

绿色照明是指通过科学的照明设计，采用效率高、寿命长、安全和性能稳定的照明系统，达到使用的经济、高效、舒适、安全，提高人们的生活质量。（图2-70、图2-71、图2-72、图2-73、图2-74）

家居室内环境绿色照明设计必须注意以下几个要点：

（1）选择合理的照度：设计选择必须从业主的实际需要出发，有利于保护使用者的视力，创造良好的视觉条件，能快速、清晰地识别物体对象，但其前提必须力求节能、限制眩光、减少光污染。

（2）选择合理的照明方式：要合理运用非均匀照明，一般

照明和局部照明交叉设计，突出重点，让业主按所需可任意选择照明方式，实现节能与照明效果的统一。（图2-75）

（3）优化照明的控制方式：采用智能调光控制系统，如卧室的床头灯可采用能调控强弱的照明方式，这样能使业主能根据使用功能进行调节。对于走廊、楼梯、储藏室等场所可设置感应控制照明，既方便业主的使用，又减少亮灯的时间，合理且节能。（图2-76）

图 2-72

图 2-75

图 2-73

图 2-76

图 2-74

图 2-77

图 2-78

图 2-79

另外，家居室内电源的插座应选用防护型的，以保护儿童的安全，卫生间的电源插座要选用防溅防潮型的。

（4）设计合理的配电系统：照明电源采用独立的回路设计，添加必要的断路器，保证人身安全及照明设备安全。提供稳定的电压，减少电压偏移，改善功率因素。

可持续发展和绿色能源是本世纪人类面临的重大课题，开发新能源已充分得到各国政府的极大重视。太阳能光电照明系统是未来绿色照明的发展方向，太阳能是取之不尽、用之不竭的理想清洁能源。随着太阳能产业化进程和技术开发的突飞猛进，相信不远的将来，太阳能光电照明系统会进入我们千家万户。

4. 家居室内空间照明灯饰的种类及用途

（1）吸顶灯：是直接安装在顶部的灯，能将灯光大部分投射或扩散于地面和空间，所以，广泛用作为主要照明灯光。

（2）吊灯：是由顶部直接垂吊的灯，有固定式和伸缩式两种，其灯罩对光线的散发有很大的影响，主要用于客厅、饭厅、卧室。

（3）嵌灯：是将灯具嵌入吊顶层次或家具内的灯，如筒灯、牛眼灯、石英嵌灯等。由于灯具嵌入吊顶及家具内部，表面容易与装饰面协调统一，不会影响整体设计的装饰效果。适用于家居室内空间的辅助照明和局部照明。

（4）投射灯：是安装在顶面或墙面的射灯，它有单点固定式射灯、固定轨道射灯、钢丝轨道射灯等。外装射灯能随意调节照射角度，主要适用于墙面的挂画、墙面局部造型、陈设艺术品等。

（5）壁灯：是将灯具直接固定在墙面上的灯，一般配以合适的灯罩，常作为卧室床头的看书灯或照明灯。（图2-77）

（6）台灯：将灯具放置在书桌、茶几或床头柜上的灯，一般作为看书、阅读的照明用。台灯的灯罩花色、造型比较丰富，可根据室内及家具的风格、色彩来选择适合的台灯。

（7）落地灯：是将灯具放置在地面的灯，一般作为客厅或卧室的阅读照明，同时也利用极具个性的灯具造型来点缀室内独特的艺术效果。

（8）特色效果灯：是运用光源变化的颜色或灯罩特殊的材料与结构所产生的独特效果，来营造生趣盎然的生活环境。（图2-78、图2-79、图2-80）

家居室内环境的照明应根据不同空间的具体需求，掌握实用性、艺术性、整体性、安全性、经济性等灯光设计的原则。在满足照明质量、照明效果和安全保护的条件下，尽量选用效率高、利用系数高、寿命长、光通衰减少、安装维护方便的照明灯具。（图2-81、图2-82、图2-83）

思考与练习

1. 如何解决家居空间环境低矮所造成的压抑感?
2. 谈谈色彩对家居空间尺度的影响。
3. 谈谈材料的肌理对空间色彩情趣及视觉效果的影响。
4. 谈谈你对家居空间装饰材料防火等级的了解。

图 2-80

图 2-81

图 2-82

图 2-83

图 3-1

图 3-2

图 3-3

第三章　家居室内环境的陈设整合设计

▶ 学习目标：通过对家居室内陈设整合设计的学习，让学生掌握室内陈设整合设计的基本概念和设计方法，熟悉家居室内家具、陈设、绿化的类型、布局与陈设方式。

▶ 学习重点：准确把握家居室内陈设设计与室内空间的关系，注意家居室内设计的整体性、系统性，引导学生通过案例分析与作业练习等方式，增强学生对家具、陈设、绿化在家居室内设计运用中的理解能力。

▶ 学习难点：家居室内陈设整合设计需要设计者具备较强的审美能力，学生应该在学习过程中加强基础理论的学习，结合社会调研，启发学生的创造性思维，提高学生的审美情趣。

▶ 第一节　家居室内环境的家具设计

在家居室内环境中家具是保证人们正常生活、休息、工作、学习和进行一些休闲娱乐活动的必不可少物质产品。（图3-1、图3-2、图3-3、图3-4）

一、家居室内家具的概念

家具是指人们日常生活中使用的具有坐卧、凭倚、储存、间隔等功能的生活器具。家具既要满足人们某种特定的使用功能，又要起到供人们观赏的作用，使人在接触与使用的过程中产生某种审美快感和引发丰富联想的精神需求。它既要涉及材料、工艺、设备、五金等技术领域，又与社会学、行为学、美学、心理学等社会学科紧密相关。

随着科技的发展，新材料、新工艺、新设备等高科技产品广泛进入家庭生活，人们的生活品质得到了极大的提高。因此，智能化、多样化与信息化的家具产品设计是未来发展的方向，如家居厨房家具的智能化与数字化、家庭卫浴家具的多样化与科技化等等。

二、家具的类型

家具按其在家居室内环境中的使用功能可分为以下几种类型：

1. 坐卧类家具

坐卧类家具是人类生活中最古老的家具类型，其品种包括椅、凳、沙发、床榻等。

2. 桌台类家具

桌台类家具通常是与坐卧类家具配套使用的，其品种包括餐桌、书桌、柜台、作业台以及几案等。

3. 储存类家具

储存类家具是指作为家庭存放物品的储物柜、衣柜、书柜、展示柜等。

4. 装饰类家具

装饰类家具是指屏风与隔断等主要起到装饰作用的家具。

三、家具在家居室内环境中的作用

家具是室内环境中的重要组成部分，它与家居室内环境有着密切的关系。在室内环境中，家具除了本身具有的承载与储存等使用功能的作用外，还肩负着精神功能方面的重要作用。家具选择布置得当，会使家居室内环境空间舒适、方便、美观；反之则会使家居室内环境显得杂乱无章，严重影响家居室内环境的整体效果。因此，家具必须与家居室内环境相协调，要根据家居室内环境不同的使用功能和美学功能进行设计、选择和布置。

1. 家具在室内环境中划分空间的作用

在现代家居室内环境中，为了提高室内空间的灵活性，常常利用家具对室内空间进行再分隔。如在进行家居室内空间环境的设计时，利用壁橱、组合家具等来分隔空间；在厨房与餐厅之间利用酒吧台、操作台等家具来划分空间，以此既能满足空间上的分隔，又可以做到视觉上的通透效果。

家居室内空间的创造是要根据客户对使用功能的需要来完成的，室内空间中的开放、围合、通畅、隔断都可以通过家具的设计布置来实现。利用家具进行室内空间的划分有很大的灵活性，可以极大地提高空间的利用率和增加空间环境情趣。

图 3-4

图 3-6

图 3-5

图 3-8

2. 家具在室内环境中利用空间的作用

在现代城市居住环境中，由于社会人口的急剧增长，人们的居住空间越来越狭小，因而设计师常通过家具的巧妙设计与合理布置来充分利用室内空间。如利用组合吊柜来缓解家居室内环境空间的狭小，利用多功能柜来满足不同空间的使用需求等。

3. 家具在室内环境中美化空间的作用

由于家具在家居室内环境空间中所占的比例和体积较大，且形象比较突出，因此家具的造型、色彩都会直接影响家居室内环境的美观、风格及氛围。古往今来，人类一直努力利用各种家具形象来营造室内环境的气质与意境。如今流行的怀旧情结的古典家具、回归自然的乡土家具、时尚简洁的现代家具等，都充分反映了人们想利用家具来美化家居室内环境的愿望和要求。（图3-5、图3-6）

总而言之，家具的设计与配置不仅仅要满足人们的基本使用功能，还有要充分体现其精神功能，陶冶人们的审美情趣。

第二节 家居室内环境的陈设设计

一、家居室内陈设的意义

家居室内陈设是指室内环境中除固定于顶、墙、地的硬装饰及设备以外的一切可以移动的陈设物，我们通常把它称之为软装饰。

室内陈设是室内环境十分重要的设计内容，其形式丰富多样，内容包括家具、灯具、织物、装饰艺术品、绿化植物等。室内陈设对美化家居、增加室内情趣意境、烘托室内环境气氛能起到举足轻重的作用。在现代家居室内环境设计领域，陈设物品逐渐成为设计师与客户用来提升家居室内文化品位的重要手段，陈设艺术设计已经成为表达人们思想内涵与精神文化的物质载体。（图3-7、图3-8、图3-9、图3-10、图3-11、图3-12）

二、家居室内陈设与环境的关系

在家居室内环境中，一定要注意处理好陈设与环境之间的关

图 3-9

图 3-7

系，根据整体室内环境的具体要求来设计与布置陈设物品，具体内容包括：

1. 不同的设计风格对室内陈设物品具有不同的要求。

室内陈设物品作为室内环境设计的一个组成因素，要与室内环境的风格融为一体，就必须根据家居环境不同的设计风格进行协调设计与布置。如具有中国传统风格的室内环境空间，室内陈设物品的设计与布置，就必须服从其风格的要求，与之相互呼应，达到彼此协调的效果。

2. 不同的房间对室内陈设物品具有不同的要求。

由于家居室内中各房间功能的不同，对室内陈设物品的要求也有所不同。如儿童房间的室内陈设物品就和家庭的其他卧室有区别。在设计与布置就应该考虑儿童的年龄、性别、爱好等特点，并根据这些特点来布置孩子的房间，只有这样才能准确地表达出儿童房的风格与气氛。

3. 不同形式的家具对室内陈设物品具有不同的要求。

因为室内陈设物品始终与室内家具有着密切的联系，有的陈设物品还需要特定的家具来进行展示。如一些古董及艺术品则需要用博古架来陈列，这些室内陈设物品实际上已和家具形成了一个整体，它们共同担起了美好家居空间的责任。（图3-13、图3-14、图3-15、图3-16）

图 3-10

图 3-11

图 3-13

图 3-14

图 3-15

图 3-16

图 3-12

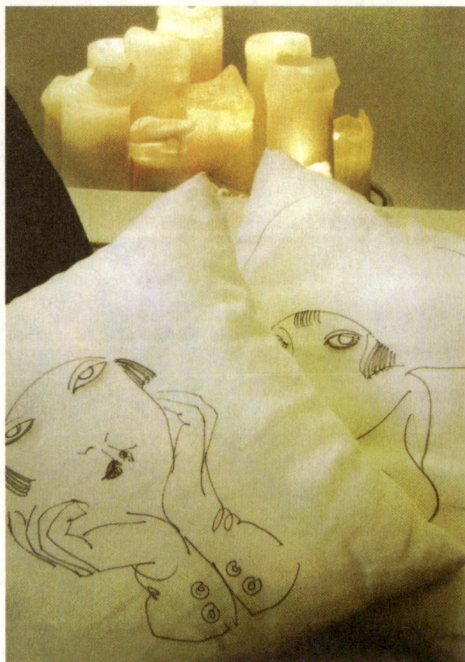

图 3-17

三、家居室内陈设的类型与布置原则

1. 家居室内陈设的类型

家居室内环境的陈设物品主要包括家具、纺织陈设物品、装饰陈设物品、日用陈设物品、植物绿化等内容。

（1）纺织陈设物品

纺织陈设物品是现代家居室内环境设计中的重要角色，内容包括窗帘、床罩、沙发套、靠垫、椅垫、桌布、地毯、挂毯等。（图3-17）

（2）装饰陈设物品

装饰陈设物品是指本身没有使用功能的观赏性陈设物品，内容包括绘画、雕塑、工艺品、纪念品、收藏品以及观赏性动物、植物等。（图3-18）

（3）日用陈设物品

日用陈设物品主要包括陶瓷器具、玻璃器具、金属器具、文体用品、家用电器以及各种杂饰用品等。

2. 家居室内陈设的布置原则

家居室内陈设的布置主要遵循以下原则：

（1）室内陈设应遵循以人为本原则。

室内陈设物品的设计与布置，首先要因人而异，以人为本，充分反映主人的兴趣爱好、职业特点、艺术修养，使陈设

图 3-18

图 3-19

物品表达出的艺术氛围成为人们精神享受的重要组成部分。
（图3-19）

（2）室内陈设应遵循格调统一原则

室内陈设物品首先应围绕着家居环境的格调进行设计，形成统一的风格；其次是陈设物品的种类、形态、摆放方式等要与家居环境相互协调，形成统一的整体，创造一个和谐的室内空间环境。

（3）室内陈设应遵循主次分明原则

室内陈设物品的布置应主次分明、重点突出。如醒目亮眼的精彩陈设物品应重点陈列，可以起到画龙点睛、渲染气氛的作用。而相对次要的陈设物品布置，则起到点缀的作用，以便突出主体陈设物品。

（4）室内陈设应遵循少而精原则

室内陈设物品作为室内环境的艺术欣赏品，要少而精。要选择最能体现主人精神追求，观赏效果好的陈设物品来点缀室内环境，营造和烘托艺术氛围。切不可盲目滥用陈设物品，破坏家居室内环境原有的氛围。

图 3-20

第三节　家居室内环境的绿化设计

一、家居室内绿化的作用

家居室内绿化是美好家庭环境、提升室内环境质量的重要手段，其主要作用有：

1. 净化室内空气

选择合适的绿化植物能够吸收室内的二氧化碳，释放出新鲜的氧气，对净化家居室内环境空气质量有明显的作用。

2. 美化室内环境

室内绿化能把自然景观浓缩到我们的居室，为家居室内创造一个宁静舒适的生活与休闲的环境。绿化植物所特有的形、色味，能引发人们热爱自然，热爱生活，并能使人在紧张的工作之余，驱除疲劳，净化心灵。（图3-20）

3. 组织室内空间

利用绿化植物组织空间的做法十分常见，如在客厅与餐厅之间、客厅与走道之间需要分割地方，都可以用绿化植物来进行分割。再如家居大门的入口、走道尽头、室内楼梯口等重要的交通节点处，放置一些精心选择的绿化植物，还可起到强化空间、突出重点的作用。（图3-21）

图 3-21

二、家居室内绿化的布置方式

家居室内绿化应该根据室内空间环境的功能和设计要求，采用不同的布置方式，常见的有以下几种形式：

1. 重点装饰布置

用绿化作为家居室内空间装饰的视觉中心，构成富于生机

图 3-22

的和谐气氛，并以绿化植物的形态、色彩所具有的特殊魅力来吸引人们的视线，是现代家居客厅与餐厅常采用的一种布置方式。（图3-22）

2. 结合家具布置

室内绿化可以巧妙地结合室内家具进行布置，有机地利用家具组合、家具转角等空间区域，做到与室内家具设计融为一体，相得益彰。如室内餐桌上的艺术插花，书桌旁的绿化布置，组合沙发端头搭配的绿色植物等都是比较常见的绿化布置方式。（图3-23）

3. 垂直绿化布置

垂直绿化是采用天棚、墙面、家具悬吊藤萝植物的布置方式，来装点、美化室内空间环境。这种垂直绿化不占用地面，并能通过设计组合，使垂下的藤蔓、枝叶组成似隔非隔、虚无缥缈的美妙情景。

4. 综合组织布置

利用不同形态的植物，采用点、线、面组合的方式进行绿化布置，是家居室内环境绿化设计中常用的形式。这种组织形式变化多样，层次丰富，并能起到组织空间、变化空间的作用。布置中要注意把握植物的大小、高低、疏密关系，并在变化中寻求统一，以显示室内环境生趣盎然、浓郁的生活气息。

思考与练习

1. 卧室家具的选择要注意哪些问题？
2. 谈谈客厅空间如何选择字画。
3. 谈谈家居中适宜种植的绿化植物有哪些。

图 3-23

第四章 家居室内空间设计基础与表现

图 4-2

■ 学习目标：通过本章的学习，使学生充分掌握家居室内空间设计的方法与程序，了解家居室内空间设计在不同阶段的设计深度和设计内容，学会多种设计表现方式，并能够灵活运用。

■ 学习重点：让学生明晰室内设计的准备、方案、扩初和施工图四个阶段的设计内容和深度，培养学生对设计对象的调研、分析能力，熟练掌握一种以上的表现方法。

■ 学习难点：学生单纯地掌握表现方法不难，难就难在如何利用表现方法来传递准确的设计理念，这就取决于学生对空间尺度、功能布局、创意构思、表现手法等综合能力的掌握程度。

■ 第一节 家居室内空间设计基础

一、适用、经济、美观的设计原则

1. 适用性原则

住宅空间环境设计以创造适用的良好室内环境为宗旨，首先要做到的就是空间的实用性，把满足人们对每一个具体空间的适用要求放在首位。每一个空间正是由于功能和使用要求不同而保持着各自独特的形式，以区别于其他类型的功能空间。（图4-1、图4-2、图4-3、图4-4、图4-5）

图 4-3

图 4-1

图 4-4

图 4-5

图 4-6

图 4-7

为了给客户提供舒适和对生活行为具有适应性的住宅空间，设计师应该妥善处理好室内空间的尺度、比例，要充分考虑人的活动规律，合理安排室内的空间划分与家居、设备的配置组合，解决好室内的采光、通风、取暖、照明、通讯、安保等各方面的问题。在公共活动区域要提出多功能动态空间的设计概念，按照这样划分空间的理念，公共活动空间的功能都应该是可以变化的，这样才能适应现代人们各种生活行为的要求。

2. 经济性原则

经济性原则是构成家居室内环境设计的物质基础，客户对家居室内环境设计项目资金投入的高低对设计效果有着直接的关系。设计师应本着"高设计、低造价"的设计原则，在设计中做到高材精用、中材普用、低材巧用，使用天然环保的材料，以最低的资金投入获得最好的装饰效果。（图4-6）

3. 美观性原则

家居室内环境设计能否给人美的感受，主要是看设计是否巧妙地利用建筑空间进行合理的功能设计。家居室内环境设计的美观性体现在设计师对室内空间构图原则的把握。首先要注意空间感的塑造，设计师应设法弥补原始建筑空间所遗留的缺陷，适度地进行空间组合设计，力求做到空间主次分明、层次清晰。其次是注意协调好整个室内空间的色调，对于室内色彩关系能产生较大影响的界面与物体，要强调和谐统一。

二、形式美的设计规律

形式美的设计规律是家居空间环境设计原理的重要内容，是现代家居空间环境设计最基本的构成要素，也是设计师在前期学习过程中和工程实践时必须把握的最重要的设计语言。家居空间环境设计要创造一个美的空间环境，这就必须遵循形式美的基本原则：

1. 变化与统一

变化统一是指形式组合的大部分之间要有一个共同的结构形式，使人感到整个艺术设计作品内部既有变化与差异，又是一个统一的整体。在变化中求统一，统一中求变化是我们在家居空间环境设计中努力追求的表现方法。任何家居空间环境设计都是由多个既有区别又有内在联系的部分组成，只有按照一定的辩证规律，把它们组合成相辅相成、休戚与共，既有变化又有秩序的一个整体，才能使家居空间环境设计的形式美感得到大家的认可。（图4-7）

家居空间设计中不管室内空间界面、家具陈设、设备设施有多好，最后家居空间环境设计的最终效果必须是协调统一的。每一个界面之间，每一件家具、陈设之间既要有新颖独特的外观，又要将这些形态的外观与环境空间的结构、形状、尺度统一。如果家居空间设计中过分地强调统一，就会陷入一种单调的、乏味的空间中。为追求感官丰富性而去表现过多的变化，就会缺乏和谐的秩序感，显得混乱不堪。因此，在设计时如何把握好一个恰当的"度"，是设计师能否成功的关键。

2. 节奏与韵律

节奏和韵律本来是形容音乐或诗词歌赋中音调的高低起伏，用在家居空间环境的设计中则是表现室内造型之间的有规律的变化，这种变化可以给人以特有的韵味和情趣，给人带来美感。在家居空间环境设计中，节奏与韵律是室内设计诸要素成系统地重复和有秩序地排列所产生的一种有组织的变化。无论是造型、色彩、光线、材质等形式构成要素，只要在组织上合乎某种规律时，就会有一种神奇的力量引导人们的视线。节奏与韵律在家居空间环境设计中的表现形式有很多，比较常见的有连续韵律、渐变韵律、起伏韵律和交错韵律，它们是构成室内空间不同节奏美感的重要表现形式。（图4-8）

3. 对称与均衡

对称是指两个和两个以上相同或相似的物体加以对偶性的排列，给人一种稳定、威严、整齐的感觉，在中国传统的家居空间设计中是最为常见的一种形式美，如中国传统的家居空间环境设计中厅堂的布置，无不以对称的供桌、太师椅、茶几等家具配以字画、古董进行组合。均衡是以不同等质和不同等量的形态求得的非对称形式。是不以中轴来配置的另一种形式格局，利用虚实气势达到呼应和谐一致，形成视觉上的"平衡"。因而，均衡在家居空间环境设计中是指空间各部分的重量感在相互调节下所形成的静止现象。在现代家居空间环境构成中，对称与均衡是非常重要的构成与组织形式，它能充分体现相对稳定、庄重的室内氛围和艺术效果。设计师在具体设计时，不仅要考虑空间形态的静态平衡，还应注意把握动态平衡的设计。这是因为在家居空间环境中，人是移动变化的，人对于室内物体立体形态的感知是随着自己的动态过程而产生不断变化的。均衡是一种相对对称的形式

图 4-8

图 4-9

美，与对称形式相比较，不对称形式的均衡显得更加活泼、自由。（图4-9）

4．比例与匀称

比例是事物形式因素部分与整体、部分与部分之间合乎一定数量的关系，比例就是"关系的韵律"。如"黄金分割"定律就是构成优美比例的基础，在设计中一直被广泛地运用。在家居空间环境设计中，几乎所有的问题都与比例有关系，我们可以运用比例的原理塑造室内环境的造型与结构，并在家具的配置、细部的组织等方面处理好比例的问题。匀称就是指比例关系合乎常规，或者比例恰当的时候给人的总体印象，是以人的感觉为标尺。比如在面积较大的餐厅中，人们往往会选择造型大气、尺度稍大一点的餐桌，这样才会和室内整体空间环境和谐一致。

第二节　家居室内空间设计的程序

一、设计前的准备工作

1．计划准备阶段

设计准备是整个设计工作展开的基础，是保证设计质量的前提，在项目开始之前一般应该对将要设计的项目进行如下的规划：

（1）设计的目的、任务

明确设计的目的、任务是设计师设计之前要清楚的问题，首先知道自己要做什么，然后才能思考怎么去做。当业主提不出详细的任务书时，需要设计师根据业主的意思，代业主拟出任务书，经征得业主的认可后作为设计依据。在现实中这种代拟任务书的事情常常发生，原因是业主并非是专业人士，对于要设计的项目内容与要求只是粗略的估计。

（2）项目计划书

家居空间设计也应有相应的项目计划，设计师必须对已知的对象在设计内容和时间进度上进行合理的计划。

（3）收集资料

在设计之前，首先要获得建筑原始图纸的基本资料，其次是要了解家居空间设备安装的相关信息。

2．现场调查

仅有图纸和文字的资料是不够的，任何资料都代替不了真实环境中的感受，所以必须到现场实地勘测研究，现场调查有两个步骤：

（1）现场实地勘测

现场实地勘测就是到工地现场进行勘察和测量。在测量时，设计师要做到认真仔细，对建筑内部空间和建筑外观都要仔细观察、揣摩，对每一个细小的结构与尺寸都不能忽视。设计师在现场观察、勘测的过程中可以体会室内空间的组合关系，注意发现建筑空间遗留的问题与不足，如空气流通是否通畅，外部噪音是否影响室内环境质量，室内管线的终端位置是否合理等等。这些问题设计师现场实地勘测中都要做详细的记录。（图4-10、图4-11、图4-12、图4-13）

（2）资料综合分析

通过对建筑图纸资料进行分析和研究，仔细核对图纸提供的有关信息与实地出入，找出不完善的地方，为方案的设计与计划的编制提供可靠的依据。

3. 客户意向调查

设计之前设计师应该对客户的文化背景、知识结构以及兴趣偏好进行摸底，同时了解客户对设计想法与要求，装修档次与资金投入状况等等。在进行意向调查时，设计师必须做详细的记录，对于客户的使用需求与个性化体现愿望设计师要尽可能地把握，只有这样设计师在设计时才能真正做到"以人为本"。

二、家居室内空间设计的步骤

设计师在每一个家居室内项目的设计过程中都应该遵循科学的设计步骤，没有科学合理的步骤，就无法保证设计和施工程序的顺利进行，甚至还会影响最终的设计效果。

家居室内空间设计主要有以下几个步骤：

1. 初步设计阶段

初步设计阶段是设计师在现有信息的基础上，以草图的形式对设计内容不断地推敲、调整，并将自己对设计内容的理性分析和感性的审美意识用图纸的方式表现出来，直到与客户的想法达成一致，初步把设计方案确定下来。初步设计阶段的内容主要包括撰写初步设计说明、绘制初步设计图纸、编制初步设计预算三个方面的工作。

（1）撰写初步设计说明。主要是在了解客户设计内容的基础上，将设计依据、构思立意、空间布局、装饰风格以及对客户要求的理解形成文字，与业主达成共识。

（2）绘制初步设计图纸。主要包括室内空间的平面布置图、

图 4-11

图 4-12

图 4-10

图 4-13

顶面图、立面图等，在这些图纸中设计师要标明各空间的尺寸及标高，并对主要空间所使用的材料及构造做简单的说明。对任务内容进行时间计划和经济评估。

（3）编制初步设计预算。是对设计任务内容的实施所需的费用进行基本的概算，然后与初步设计图纸一起提供给客户审定。

2. 扩初设计阶段

扩初设计阶段是在初步设计审定后，对工程实施的详细设计做进一步的扩初设计。扩初设计阶段不同于初步设计阶段之处是设计深度增加，设计师不仅要对室内空间尺度、装饰材料与构造等内容的设计进一步深化、完善。同时，还要对建筑结构、水电、空调、通风、安保等各专业内容进行协调。在扩初设计阶段完成后，设计师要将深化后设计内容交与客户进行确认，取得认可后，再进行施工图的设计。（图4-14）

3. 施工图设计阶段

施工图设计的内容主要包括室内装饰设计施工图和水电施工图两大部分。施工图的内容在装饰施工方法、结构构造说明、详细尺寸及材料选用、表面色彩及肌理选择等方面均要有明确的说明。对吊顶、墙体、灯具、固定家具等都要有详细的大样详图，并标明其选用的材料及构造做法。室内设计施工图完成后，设计师要与各相关专业相互校对，经严格审核无误后方可成为施工图。

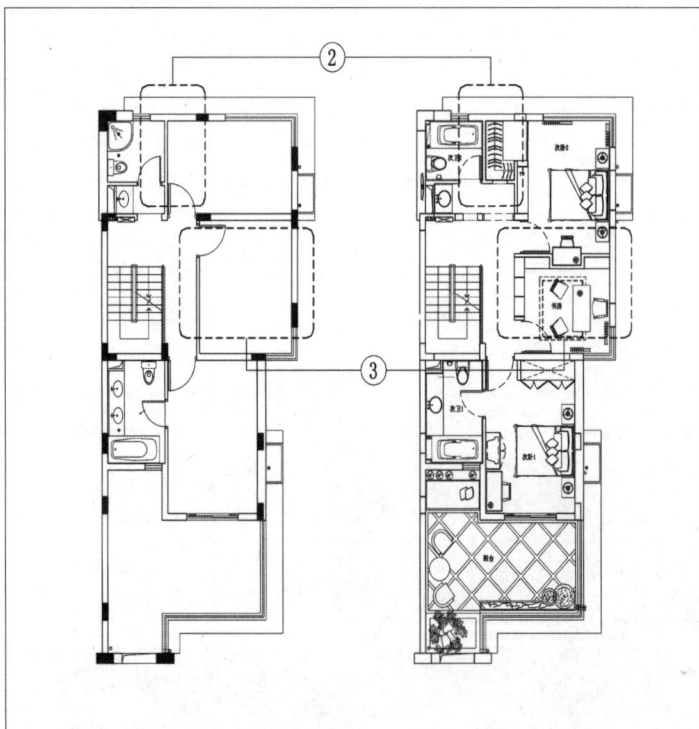

图 4-14

4. 设计实施阶段

在家居室内环境工程的设计实施阶段，设计师始终要做好整个项目的施工监理工作，包括整个项目施工过程中所涉及到的装饰材料与设备的样品、型号的确定。现场解决设计图纸中尚未交代清楚的内容，协调好室内装饰设计图纸与各专业图纸间的矛盾问题，并根据现场具体情况及时解决方方面面的问题，保证整个项目施工的顺利完成。

第三节 家居室内空间设计表现

一、设计表现

设计表现就是设计师把酝酿在头脑中计划、构思和创意等设计意图通过某种视觉形象语言表达的过程。设计表现是一个合格的室内设计师必须掌握的基本技巧，作为设计师，只有将能反映设计构思及创意，并切实反映生活空间视觉效果的预想图展现在用户面前，才能为设计师与用户之间搭起一座沟通的桥梁。为此，一方面设计师需要具备良好的形象表现能力，能够准确地表现出所构想的空间形象和空间内容；另一方面设计师还需要具有自己的审美思想和独特的设计风格，具有坚忍不拔的创新意识。同时，设计师还要熟悉室内装饰材料及其施工构造关系，让设计表现真正做到是画骨而不是画皮。（图4-15）

图 4-15

二、表现方法

家居空间设计常用的效果图表现技法主要有以下几种：

1. 铅笔或钢笔表现技法：这是一种历史最久、最方便的表现技法，具有工具简单、技法容易掌握、表现速度快等优点。有时设计师会和业主、施工队进行设计探讨与交底，随手可用铅笔或钢笔画一些造型及构造等；设计师也可以结合彩色铅笔更加深入的表现层次与明暗，表达某种气氛与空间效果。铅笔或钢笔表现技法不仅仅方便于表达，且图面质朴、典雅，受到设计师的普遍欢迎。（图4-16）

2. 水粉、水彩效果图：水粉效果图表现力强，色彩饱和、厚重，具有很强的覆盖能力。熟练地掌握好水粉画技法，利用水粉色的干、湿、厚、薄能产出不同的艺术效果，表现出细腻的空间层次变化。水彩效果图色彩淡雅、层次分明，用水彩效果图表现的家居空间结构变化丰富、生动，可以突破电脑效果图的呆板。用水粉和水彩画效果图还可以结合喷笔进行渲染，可使画面表现更细腻，变化更微妙。

3. 马克笔效果图：马克笔笔头是用毡制作的，绘制中有一种特殊的笔触效果。马克笔色彩透明，通过多次线条与色彩的叠加可获得丰富的层次变化，而且是一种非常快捷的表现手法，设计师可以用明快、简洁的色彩来表达自己的设计意图。马克笔效果图绘制后的色彩不易修改，故绘制中必须先浅色后深色、循序渐

图 4-16

图 4-17

图 4-18

进地描绘。（图4-17、图4-18、图4-19）

4. 计算机效果图：计算机作为一种图像信息处理工具，具有其他表现手段所无法比拟的优势，目前在室内空间设计中是最为常用的一种表现技法。电脑效果图具有很强的空间感与真实感，不管是灯光、材质还是家具造型都能非常直观地表现出来，让人一目了然，很容易同业主沟通。（图4-20、图4-21）

思考与练习

1. 在家居室内设计中如何体现"高设计、低造价"的原则？

2. 如何才能通过科学的方法和合理程序来实现家居室内空间设计？

3. 谈谈你对手绘效果图与电脑效果图的认识。两者在我们的设计中各自起到怎样的作用？

4. 如何正确地认识制图规范？谈谈怎样运用正确的制图规范来绘制施工图。

图 4-19

图 4-21

图 4-20

第五章 家居空间设计的具体内容

▶ 学习目标：通过本章的学习，让学生对家居室内设计的具体内容有一个比较清晰的认识，了解家居室内各功能空间的行为特征，掌握各空间内容之间的内在关系与设计要点。

▶ 学习重点：准确理解家居室内具体空间与建筑的关系，注意各功能空间的个性与共性关系，熟悉各功能空间的结构设计与平面布局技巧。

▶ 学习难点：家居室内空间设计的多元化倾向，要求设计师在家居室内具体空间设计中既要突出个性又要合理实用，还要整体统一、情景交融。

▶ 第一节 家居建筑空间的类型及特征

一、别墅式住宅空间

"别墅"一词在英语中为villa，是指郊区或风景区建造的独立式的园林住宅。在中国的词典里，别墅的词义源于"别业"，是指本宅外供游玩的居所。《宋书·谢灵运传》中说："修营别业，傍山依水，尽幽居之美"。现代我们常说的别墅，已经泛化了。作为一种房地产开发类型，其拥有独立的建筑和庭院，而成为目前房地产市场中消费者的宠儿，其价位也是相最高的，它最大的特点就是将建筑、室内空间与自然景观环境完美地结合在一起，创造一种让人感觉舒服的生活环境。

别墅住宅根据住户建筑的连接方式一般可分为独立式住宅、双联式住宅和联排式住宅三种类型。

图 5-1

图 5-2

图 5-3

图 5-4

图 5-5

图 5-7

图 5-6

1. 独立式住宅

独立式住宅又称为独院式住宅，就是独立建造的，不与其他建筑相连的住宅。（图5-1、图5-2、图5-3、图5-4、图5-5、图5-6、图5-7）

独立式住宅不仅仅建筑是独立的，而且设有独立的院子，其建筑外观造型和景观环境布置很少受限，形式多样，朝向及通风、采光好。独院式住宅环境好、干扰少，有自己独立院落，可以种栽树木、花草，环境优美，是人们家居、餐饮、休闲、娱乐，进行户外活动的综合体。

独立式住宅房间比较多，层数在二至三层，也有些建地下或半地下室，用作车库或储藏室，底层一般为起居、餐室、厨房和卫生间等用房，二层为卧室、工作室与卫生间等。并有阳台、屋顶活动平台等。独院式住宅方便舒适、私密性强，但标准要求比较高，适用于经济条件较好、生活水平较高的居民。

2. 双联式住宅

双联式住宅又称为并联式住宅或毗连式住宅，是指将两个独立式住宅的房屋在平面上并联起来，两户共用一面山墙，组合成为一栋建筑。

双联式住宅三面临空，也有独立的院子，采光、通风条件较好，与独立式住宅相比较，能节省用地，减少室外管网的长度。

图 5-11

图 5-12

图 5-13

图 5-14

图 5-15

3. 联排式住宅

联排式住宅是将独院式户型单元拼联增到三户及以上，各户间至少能共用两面山墙时，即为联排式住宅。（图5-8、图5-9、图5-10、图5-11、图5-12、图5-13、图5-14、图5-15）

图 5-9

图 5-10

图 5-8

　　联排式住宅一般每户只有前后两面临空。只能设有前后院子，一般前院可以做生活院，后院做家务院。联排式住宅在用地上可建设较多的住宅，是上述三种低层住宅中最为经济的一种类型。

二、公寓式住宅空间

　　公寓式住宅也称为单元式住宅，它是以一个共用楼梯为几户服务的单元组合体，一般有多层、中高层、高层几种建筑形式。随着城市发展和人口的膨胀增长，住宅用地渐渐稀缺，国家对低容积率的独立式住宅建设加大了控制力度，为了使住宅土地利用率提高，中高层及高层建筑的公寓式住宅开发成为城市住宅建设的首选。（图5-16、图5-17、图5-18、图5-19、图5-20）

图 5-18

图 5-16

图 5-19

图 5-17

图 5-20

公寓式住宅有以下几个基本特点：

（1）每层以楼梯为中心（又叫梯间式住宅），每层安排户数较少，各户自成一体。

（2）户内生活设施完善，既减少了住宅间的相互干扰，又能适应多种气候条件。

（3）建筑面积较小，造价经济合理。

（4）仍保留一定的公共使用面积，如梯楼、走道、电梯厅、垃圾道等，保持一定的邻里交往，有助于改善人际关系。

第二节　家居室内空间的具体内容

住宅空间要满足使用者的各种生活需求，应提供基本的生活设施和相应的使用空间。按照住宅的居住行为，可将住宅空间分类为：私人行为空间、公共行为空间、家务行为空间、卫生行为空间、交通空间、室内外过渡空间等。

私人行为空间包括：主次卧室、儿童房、客房、保姆房等。

公共行为空间包括：客厅、起居室、餐厅、过厅（门厅）、工作室（书房）、健身房等。

家务行为空间包括：家务室、厨房、洗衣房等。

卫生行为空间包括：卫生间及附属空间。

交通空间包括：住宅内部的过道、走廊、房内楼梯。

室内外渡空间包括：阳台、露台等。

图 5-21

一、客厅（起居室）的空间环境设计

1. 空间行为特征

客厅主要用于对外接待，是外来人首先到达、落座和主客叙谈的地方，由于对外起到展示窗口的作用，与家庭成员活动应完全分开设置。我国客厅空间的经历了小客厅到大客厅的发展过程。它的变化过程，演绎了我国住宅套型空间和标准的变化过程，也反映了我国居民生活方式的不断进步。（图5-21、图5-22、图5-23、图5-24）

起居室是住宅中的多功能空间，它是家庭团聚、休闲、文艺、视听的场所，是提供家庭共同活动中心的核心空间。

客厅与起居室本是完全不同的两个概念，但是在我国目前一般的住宅中，由于住宅标准的限制，往往将客厅与起居室合二为一。因两个空间的使用行为和设置需求较为接近，常有概念混淆不清的现象。

客厅概念强调的是家庭和外部的社交关系，而起居室概念强调的是家庭内部交往活动，二者并不是简单对立的两个概念。一般来说，别墅和较大的公寓式住宅中客厅与起居室可以分别设置，我国由于住宅面积的限制，在绝大多数情况下，它们是合二为一的。客厅（起居室）可以具有很多使用功能，如会客、交谈、就餐，工作，娱乐等。客厅（起居室）作为家庭的核心空间，是家居装饰格调的主脉，它的设计往往决定着整个居住空间

图 5-22

图 5-23

图 5-24

图 5-25

图 5-26

图 5-27

图 5-28

的基调，在设计中除了要考虑其休闲、聚会、会客、娱乐等实用功能，还要考虑业主的社会背景、爱好、情趣等多方面因素，结合空间特点进行综合考虑，创造一个舒适安逸的休闲空间。

2. 设计要点

客厅是居家生活的重心及家庭成员接待来访、社交、会客行为的场所，也是家庭内部聚会的主要空间，因此它是家居装饰设计中的重头戏。客厅的布置应以宽敞为原则，为体现舒畅和自在的空间感觉，最好通过家具的合理摆放来有效利用空间，通常情况下，主要考虑沙发、茶几、视听设备及陈设装饰物等。（图5-25、图5-26、图5-27、图5-28）

起居室由于要满足家庭成员的团聚、活动、休闲、学习等要求，因此家具布置应较为宽松，留有足够的活动空间，高标准与大空间的起居室还设置有立体组合音响，钢琴等乐器也进入了现代家庭。

客厅和起居室无论是独立还是合并设置，其共同特点是都要求有充裕的空间、良好的朝向与景观环境以及方便的内外交通联系。

客厅（起居室）的设计应注重室内和室外之间的通透，可以充分利用阳台和大面积窗户，可以采用统一的造型和相近的材料，将客厅与阳台融为一个整体，在阳台上远眺成景，使客厅休闲功能得以延伸，并通过大面积玻璃门窗将室外环境借景于室内。有时为了扩大空间层次和趣味性，有意识地将楼梯、餐厅与客厅（起居室）合并或使其空间互相连通、渗透，以此来增加空间的沟通与流动，活跃空间气氛。

客厅（起居室）的家具要满足同空间、同时间的多功能需求，要合理地分隔和组合空间，充分利用有限的面积。客厅（起

图 5-29

居室）的家具一般以沙发为核心进行组合设计，沙发的布置应根据电视柜所形成的最佳视线区域进行布局排列。沙发在客厅（起居室）设计中有以下几种布置方式：一字形布置、双排形布置、L形布置和U形布置。客厅（起居室）的沙发布置应充分考虑座位与其他家具设施的交通流线关系，以方便人们在实际生活中行走。

　　客厅（起居室）电视柜的设计要根据人坐在沙发上的高度来确定，沙发座位的高度一般为400mm，坐在沙发上面眼睛的视线高度是1060mm左右，设计电视柜或选择电视机就要掌握好尺寸，让电视机的中心刚好是人的视平线。另外还要考虑电视机与沙发观看的距离，常见的算法是电视机对角尺寸的2~6倍，这是人眼睛观看的合适距离。如果选择的是挂壁式电视机，安装时，屏幕最好能向下倾斜20°。

　　客厅（起居室）的家具还要考虑基本的储藏功能。由于客厅（起居室）的使用频繁，容易出现杂乱，从审美心理的角度来说，杂乱的空间环境容易让人产生烦躁的心情；从风水的角度来说，杂乱的空间会产生不通畅的气场，从而不利于人的居住。所以在设计客厅时，可以选择部分带有储藏功能的家具，如底部带有储藏功能的多功能茶几和沙发，也可以增加视听组合柜的储藏功能，或在客厅的转角等空间结合储藏家具来进行设计。（图5-29、图5-30）

　　一个好的客厅（起居室）设计，首先要考虑顶面、墙面、地面的处理。客厅（起居室）的面积相对较大，一般会选择适当的造型来进行顶部装饰，增加空间的层次感。墙面常选用涂料、墙纸、木材和石材等材料进行装饰，墙面装饰设计可以对家具和陈设物起到衬托作用，可改变空间界面的单调。客厅（起居室）的墙面设计应该有主次之分，一般而言，电视背景墙是设计的重

图 5-30

图 5-32

图 5-33

点，简洁的设计墙面可以安装艺术作品，复杂的可以通过墙面的各种造型及材质来满足业主的需求。地面装饰是为了行走、布置座位，对其设计时，要考虑安全、安静、防寒及美观等要求。因此，客厅（起居室）地面装饰宜选用地砖、石材、木地板和地毯等材料，地砖与石材光滑亮丽、纹理美观，且质地坚硬、花样繁多，具有较大的选择空间。木地板和地毯是较为亲切的装饰材料，广泛受到人们的喜爱，很多人喜欢在茶几下面布置一块地毯。

客厅（起居室）是社交活动中主要场所，由于个人的性格，修养和职业的不同，客厅的色彩设计应充分体现主人的情趣，在主人喜欢的颜色基础上，做合理的色彩搭配，并以客厅的色彩决定其他空间的色彩及组合，较其他空间而言，客厅色彩设计具有更大可能性。限制因素较少，表现方式也较为多样。（图5-31、图5-32、图5-33）

二、餐厅的空间环境设计

1. 空间行为特征

餐厅是家庭成员就餐的空间，也是平时宴请少量客人的场所。同时餐厅也是家庭内部每天聚会最多、使用频率最高的地方，是内外活动的结合点。随着人们生活水平的提高，家居餐厅的设计越来越讲究品质和氛围营造。设计一个适合家庭成员轻松愉快就餐的功能完善的餐厅，已成为每个家庭成员共同的心声。（图5-34）

餐厅的设置分为厨房兼容式、独立式、客厅兼容式三种类型。

厨房兼容式：厨房兼容式就是餐厅和厨房同在一个空间里，这种类型比较适合面积小、无专用空间的单元。厨房兼容式的餐厅能缩短就餐前后的行动流线，节约配餐和餐后收拾的时间，减

图 5-34

图 5-31

少就餐时间。这种类型的餐厅空间较小，设计中要合理地布置就餐区域和厨房操作区域，使这两个区域的功能及流线互不干扰，不能妨碍厨房的烹饪操作，也不能破坏进餐的气氛。将厨房与餐厅合为一个空间设置，在国外使用较多，而且其空间也较大，这与就餐的方式有很大的关系。

独立式：是指餐厅与厨房、客厅空间完全分离的，是一个相对独立的空间。这类餐厅的设计不受厨房与其他空间的影响，自由度较大，可以按照家居的整体布局安排餐桌、餐椅与酒柜，使餐厅的设计轻松浪漫一些。

客厅兼容式：这是一种最为常见的设置形式，空间利用合理，让人视野开阔。客厅兼容式餐厅把客厅、餐厅、走道统一成一个整体，同处在一个开放的公共空间，客厅和餐厅功能界定不是用实体隔断来进行分割，而是通过天花的造型或地面的材质、拼花、色彩等从视觉上进行划分空间。

2. 餐厅的设计要点

餐厅的地面应选择表面光洁、沉稳厚重且易于清洁的材料，如大理石、花岗石、瓷砖、木地板等，尽量不要使用易沾染油腻污物的地毯。墙面和天花的设计要注意与家具的搭配，宜以素雅、简洁的材料进行装饰，如乳胶漆、墙纸，并以独特的灯具作为烘托，营造一种清新、优雅的氛围，以增进就餐者的食欲。决不能信手拈来，盲目利用高档、贵重的材料堆砌各种形态。（图5-35、图5-36、图5-37、图5-38、图5-39）

图 5-36

图 5-37

图 5-35

图 5-38

图 5-39

图 5-42

家具的选择在很大程度上决定了餐厅的风格，餐厅的家具主要有餐桌、餐椅、酒柜、橱柜等，它们的摆放与组合必须符合人的就餐合理空间。要根据餐厅的平面特点，结合餐厅家具的风格、形状、大小进行设计与选择。家庭就餐的餐桌有圆桌、方桌、矩形桌等。圆桌直径一般为900～1500mm，方桌边长一般为700～1200mm，矩形桌平面尺寸一般为（1200～1800）×（700～900）mm，就餐桌的高度一般为710～850mm。就餐坐椅的座面高度一般为400～500mm，坐椅的靠背要平直或略有一些倾斜，有些坐椅做有50mm软垫，坐起来更加舒服。

餐厅的色彩设计对人的就餐心理有很大的影响，首先是食物的色彩对人的食欲有影响，其次是就餐环境的色彩也能影响人的就餐情绪，给人以生理与心理上的刺激，增进食欲。餐厅的色彩设计与业主的兴趣爱好、性格职业有一定的联系，一般来讲，餐厅的色彩宜采用明朗轻快的暖色系，因为从色彩心理学角度来看，暖色系给人以温暖感，有利于促进人们的食欲，这也就是为什么很多餐厅采用橙色以及相同色相的姊妹色的原因。如果餐厅和客厅同处于一个相通的共享空间环境中，要从整体空间感和主次关系的角度进行设计，强调餐厅和客厅色彩的统一协调。（图5-40、图5-41、图5-42、图5-43）

精心设计的灯光能有效地渲染餐厅的气氛，给人以好的心情，有助于促进人们的食欲。餐厅灯光一般选择比较柔和的暖光源，有足够的照度，能够清晰地辨别食物的种类、颜色。照明灯具以天花垂下的吊灯为主，还可根据餐厅的装饰风格，适当配置一些筒灯、射灯，光应聚集在餐桌台面区域，不能照在就餐者的头顶上。餐厅还要考虑设计相关的辅助灯光，如在酒柜内设置的局部照明，艺术品所需的局部照明等，辅助灯光比餐桌上的主要光源的照度要低，在有次序的前提下突出主要光源。

图 5-43

图 5-40

图 5-41

三、厨房的空间环境设计

1. 行为特征

厨房是家居设计中操作密度最高的空间，是家庭服务的中心，是专门处理家务、膳食生活的工作场所。在家庭生活中，除去睡眠，约有1/3以上的时间要花在厨房里。操作方便的厨房不仅对家居环境的整体设计起到重要作用，也对人们的生活和家居气氛的营造有着非常重要的影响。近年来，越来越多的人开始将烹饪当作一种嗜好与乐趣，家庭成员共同下厨，也成了一个很好的交流机会。而烹饪在中国本身就是传统文化的一部分，加上休闲时间增多，厨房功能就更显得重要。（图5-44）

厨房的主要有食品储藏、加工、烹饪三个方面的功能。为了使厨房很好地发挥作用，厨房应配备厨房所需的设施，如电冰箱、微波炉、烤箱、消毒柜、洗菜池、操作台、灶具和储藏家具等，洗菜池、电冰箱、灶具是厨房不可缺少的三大主要设备。操作者按储藏、加工、烹饪依次来往于这三大设备之间，设计师进行厨房的平面设计，应该充分考虑厨房的操作流程和操作者的行走路线，进行合理布局。厨房的基本操作流程因生活与饮食习惯的不同而有所差别，中国的普通家庭基本上以中餐为主，因此厨房的基本作业流程内容首先是备餐调理过程，它包括保存、摘理、洗涤、切拌、烹饪、配餐。就餐完毕再经餐后调理过程来完成厨房的作业流程，它包括残菜处理、餐饮具洗涤、餐饮具收存、食品收存等内容。（图5-45、图5-46）

厨房的空间一般可分为独立式、半开放式和开放式三种类型。厨房采用何种形式与家居空间的建筑结构及居住者的饮食习惯、操作方式、厨房设施的配置等方面有密切的关系。

独立式厨房空间是独立的，炊事过程中能较好地防止油烟穿入室内，厨房相对隐蔽，炊事工作完成后，可暂缓收拾整理。独

图 5-45

图 5-46

图 5-44

图 5-47

图 5-48

图 5-49

立式厨房对于家庭居住来讲是相对安全的选择，同时，也能提高家居室内环境的质量。我国住宅内厨房所使用的燃气灶、燃气热水器，一般均采用煤气和液化气作为燃料。煤气属于有害气体，当燃烧不完全或有泄漏事故发生时，能将煤气控制在厨房内，避免进入其他居住空间，保障居住人员的安全。

半开放式厨房与餐厅一般用家具陈设等方式进行隔离，空间相对独立，又有一定的流动性，处理得好，也能很好地防止油烟外泄。

开放式厨房是将厨房空间与就餐空间合设在一起，空间的互动性较好，操作过程中便于与家人交流。开放式厨房比较适合西式就餐，因为西式就餐的烹饪方式比较简单，成品与半成品食品多，加工制作过程简单干净。中式就餐的加工、烹饪过程中，油烟与噪音较重，而且厨房也不易整洁，影响用餐环境和用餐氛围。

2. 设计要点

界面部分：厨房的地面设计要略低于餐厅地面，宜采用防滑、耐磨，易于清洗的瓷砖或石材，并做好基层的防水处理。顶面可采用耐高温、防水型的金属铝板或塑料扣板，但是要注意色彩的选择，一般选择浅色的板材为佳。由于厨房的烹饪操作，油渍和污垢很容易附着在墙面上，因此墙面要选用防火、防潮、抗热、易于清洗的材料，如釉面瓷砖、陶瓷马赛克等。

照明部分：厨房空间除了夜间需要人工照明外，当厨房空间的自然采光不足时，也需要人工照明。另外，厨房的卫生及安全方面的要求较高，如炒菜、洗碗、切菜等，除了整体照明外还需要有局部的补充照明。我国生产的抽油烟机本身都带有照明灯具，烹调操作的照度能基本保障，但洗涤和备餐的照明往往被忽视。在缺乏局部照明的情况下，由于操作者背对顶部光源，自身的阴影常挡住操纵区，造成使用者的不便。因此有必要在操作台及水池的上方加设局部照明，灯具可设在组合吊柜的下方或壁面。

厨房整体光源宜采用白炽灯类的暖光源，其发出的暖色光线能正确反映食物的颜色，灯具的造型宜选用外形简洁、不易沾染油污的吸顶灯或嵌入式筒灯。水池及操作台等上方的局部光源宜采用荧光灯类的冷光源，其发光效率高而散发的热量小，可避免因近距离操作而产生的灼热感。

家具部分：厨房家具的发展，不论是设计、材料、五金配件功能、电气化、智能化、人体工程学、环保等方面的发展，都将围绕着"厨房是家庭的中心"这个主题展开。（图5-47、图5-48、图5-49、图5-50）

首先厨房的家具设计要与居室家具相协调，采用先进的环保化装饰材料（如E-O级板材，抗菌材质的应用），五金配件符合人性化功能（如选用全静音阻尼抽屉和门铰技术等）。

其次是根据人体工程学进行设计（家具设备尺寸更准确，功能区布局更合理），厨房的使用因人的年龄、性别、身高的不同，对家具的空间尺度要求也不相同，其通行的空间尺度、吊柜及操作台高度、平面形式等也要随之变化。

最后还要考虑家具的储物功能，良好的厨房环境是要靠一定量家具储藏空间来合理地解决的，厨房家具的储藏内容有食品类储藏和器具类储藏二大类，食品类储藏包括粮食、干菜、方便面、罐头类干燥食品以及调料、油、茶叶、酒、饼干点心等。器具类储藏包括烹饪调理用具、餐具、水具及酒具等。

操作台部分：厨房操作台面一般有一字形、L形、双排式、U形和岛形布局。

一字形布局是将操作区在靠墙面的一侧布置，操作流线在一条直线进行这种布局是最简单的，通常用于厨房宽度较小的空间。（图5-51）

L形布局是将操作区依次置于连接的两面墙上，呈L形。这种布局工作区往返路线较短，工作效率较高，可以更好地利用流动空间。（图5-52）

双排式布局是将操作区以平行的方式布置在两个相对的墙面上，中间是通行空间。这种布局的厨房不仅有较大的操作台面，而且交通流线比较紧凑，可以减少操作来回的次数，可以提高工作效率，但由于洗菜池和操作台、灶具几乎是背对的，从方便功能上有一些欠缺。

图 5-50

图 5-51

图 5-53

图 5-52

图 5-54

图 5-56

图 5-57

图 5-55

U形布局是将操作区布置在沿墙的三个面排列，操作流线呈U形。这种布局一般适合比较大的厨房空间，可以将洗菜、配菜、烹饪布置在三角区。操作的三角区形成一个近似等边的三角形，操作流线单向、无交叉，是一种较为省时、省力的布局方式。（图5-53）

岛形布局是操作台面集中布置，四周临空，岛式橱柜中设有洗菜池，操作台下设有柜子，四面取物方便，可供多人操作，形成非常有效的快餐台。（图5-54）

设计师在住宅厨房设计中还应了解厨房家具水、暖、电、燃气、排气、管道及构配件的设计、制造、施工、安装的标准，也应该考虑人体工程学与建筑模数协调的原则。（图5-55）

四、卧室的空间环境设计

1. 空间行为特征

卧室又称为居室、寝室，是供居住者睡眠、休息的空间，也是家居中最富有个性的空间。人们在每天的24小时里，有1/3的时间是在卧室中度过的，所以许多家庭不惜花费较大的开支，来选购高级的睡床与床垫。（图5-56、图5-57）

主卧室一般指的是家庭主人（夫妻）所居住的房间，面积相对比较大，装修和设施条件好，也是最能体现家居档次的主要房间。主卧室在一套住宅内是最为稳定的空间，私密性要求最高，且要有理想的朝向和较为开阔的景观视角。主卧室空间可划分为睡眠区、储藏区，在许多住房没有独立书房的情况下，还应有学习工作区，较理想的主卧室里还应该设有设备完善的独用卫生间、进入式更衣间等。

次卧室是供其他家庭成员居住的房间，空间使用面积适中，使用一个公共卫生间，要求安静、少干扰。以下的设计要求主要是以主卧室为例介绍的。

2. 卧室的设计要点

卧室的空间设计应注意以下几点：

（1）要根据使用者的职业、年龄、个性与爱好设计，充分满足业主的个人需求。

（2）要注重私密性的功能需求，不仅仅在装饰材料上进行安全、隔音和阻隔外部视线的设计，卧室的位置、房门朝向也要注意，房间应选择相对稳定、安静的内部区域，门的方向不要直接面对着大门或客厅，这样容易打扰主人的休息。（图5-58、图5-59）

（3）要以功能需求为中心，一是要满足睡眠和休息的基本功能，二是要同时具备卫生、梳妆、更衣以及阅读、工作等附属功能。（图5-60）

图 5-58　　　　　　　　图 5-59

图 5-60

图 5-63

图 5-64

（4）要有良好的通风设计，对原建筑的不足进行合理的改进，处理好室内的通风流线。另外，卧室的空调送风口不宜直接对着人，这样容易引起人的身体不适。

卧室地面一般选择具备保暖性的木地板、地毯等材料，这样能使视觉、脚感、触觉都有温柔的舒适感，也符合人们的审美心理需求。墙面可用乳胶漆、墙纸、墙布装饰，局部或靠床头的墙面可用皮革、织物软包及木饰进行装饰处理，使墙体与床面有机地结合起来。卧室的顶部设计通常较为简洁淡雅，不需做过多的修饰，一般设少量线脚以床为中心进行空间设计，选用的材料多为石膏线脚、乳胶漆。（图5-61、图5-62、图5-63）

卧室的环境美化与家具的造型设计密切相关，什么样的家具反映出什么样的风格及生活方式。如今，各式各样新材料、新式样，以及能组合多变的现代家具，为我们家居空间设计提供了有利的条件。

在卧室家具中，床所占的面积比较大，使用的时间也最多，必须选择与房间面积相匹配的床，以满足空间设计整体性与协调性。床的大小尺寸要合适，以满足使用需要，通常选择的规格有1500mm×2100mm，1800mm×2100mm，2000mm×2100mm等。床的高度一般为400mm～550mm，有的中小型卧室需要在床底储物，可结合床的结构进行多功能组合设计，床下的组合储物柜可根据室内的空间设计成抽屉式或翻开式。（图5-64、图5-65）

卧室睡床的摆放位置也是十分重要的，中国人自古以来都比较看重床的安放位置，认为床头不可朝西。在现代家居设计中，睡床基本都摆放在室内安静而固定的"不动方"，床的一边紧贴墙壁。床不要冲着门或背对着门，避免一开门床就显露出来，这

图 5-65

图 5-61

图 5-62

样让人感到不舒服、不安全，会影响人的睡眠。床的正确摆放，从心理上能使人容易进入梦乡，获得良好的睡眠，以充沛的精力保证第二天的工作效率。

衣柜承担着主人衣物的存放、换取功能，应根据家居空间的实际情况来确定衣柜的尺寸大小与结构形式。对于小空间的卧室，衣柜相对简单实用，一般为是根据卧室的空间情况加工成靠墙的固定壁柜，也有直接购买的成品壁柜，主要满足储藏卧室主人不同季节衣物的需要。在空间面积允许的情况下，也可以规划一个使用方便的更衣间，这样不仅仅可以存放更多的衣物、被褥等生活用品，还能通过大面积试衣镜与较大的穿衣空间，满足主人进行着装效果的比较。

卧室不同的色彩会对人产生不同的生理、心理感受，可以通过色彩的配置营造一个舒适的卧室环境。一般卧室以淡雅、温馨的白色、粉色、米色、蓝色系列的为多。（图5-66、图5-67）

卧室的照明也是很重要的，理想的照明设计可以创造宁静、温柔的卧室环境气氛，使居住在内的人感到安全、舒适。卧室的主体照明可以选用一个能渲染空间氛围的装饰吊灯，安装在卧室的中心部位。床头墙壁可设计安装供看书的壁灯，也可在床头柜上放置台灯来进行照明。卧室的照明设计的要遵循和谐、宁静、闲适的设计原则，避免耀眼的光线与花哨灯具造型的盲目选择。

卧室的软装饰强调的是品味与协调，窗帘、帷幔及床上用品等软装饰最容易引起人们心中柔情，对营造舒适的睡眠环境具有举足轻重的作用。窗帘可以分为两层，外面的一层质地要厚一些、遮光效果好的面料，里面的一层采用轻盈的薄纱类面料，色彩及图案的选择要与卧室的色彩与风格一致。（图5-68）

图 5-66

图 5-67

图 5-68

五、工作室（书房）的空间环境设计

1. 空间特征

住宅中的工作室（书房）是业主在家阅读、书写、学习、工作的空间，它是根据业主的职业、专长、爱好、品味而定的。专业性较强的职业会直接影响工作室的性质，如：画家要求设置画室，器乐工作者要求设置琴房，教育工作者、学生等知识分子要设置书房。在现代家居室内设计中，书房的设置是相当普遍的。（图5-69）

工作室（书房）主要是为了满足家庭成员的学习和工作的需求，在设计中，应以最大的程度方便主人进行工作为出发点，不受任何打扰，可以安安静静地看自己喜欢的书，做自己想做的事。

2. 设计要点

工作室（书房）的学习环境与一般的空间不同，所以其环境

图 5-69

设计有它的特殊性，在设计风格上，工作室（书房）要有一种相对静谧、沉稳的氛围，安静对工作室（书房）来讲是十分必要的，人在安静的环境中工作、学习的效率要比在嘈杂的环境中高得多。

工作室（书房）设计的核心是书桌和书橱、书架的布局，它们的摆放方式在很大程度上决定了书房的功能和区域划分，一般而言，工作室（书房）的布置可分为书写（包括电脑操作）、藏书、小憩区域等。书桌的摆放既要考虑白天的自然采光，又不能将书桌面对并紧贴着窗户，以避免户外强烈的光线对人眼睛产生的刺激。书桌的选择最好不要采用办公楼里的办公桌，它不一定与其他家具相协调。书架、书橱的设计选择与业主的职业、爱好有直接的关系，如果业主的书籍比较多，可以将整个墙面设计成书架、书橱，让书架、书橱倚墙而立，再穿插摆放一些陈设艺术品，既简单大方又能为书房增添几分意境。（图5-70、图5-71、图5-72、图5-73）

工作室（书房）的照明设计应有利于业主精力充沛地学习与工作，光线在满足明亮的照度的前提下，还要求柔和并避免眩光。人眼不能在过强和过弱的光线中读书、写字，因此工作室（书房）对于照明的要求很高，在主体照明上可选用顶部的吊顶与吸顶灯，光线要能辐射到整个房间，在书桌上放置亮度较高又不刺眼的台灯，作为局部照明，以供业主工作与学习之用。

工作室（书房）的色彩设计宜采用明亮的浅色，界面、家具、软装饰的色彩搭配要注意整体和谐，追求一个统一的情调，这样有助于业主心境平稳、气血通畅，。利用墙面上及书架、书橱内陈设艺术品的小部分鲜艳色彩作为点缀，来打破可能显得单调室内环境，但也要注意形式、风格、品味上的整体协调，避免

图 5-70

图 5-71

图 5-72

图 5-73

图 5-74

图 5-75

图 5-76

强烈刺激的对比色彩。

工作室（书房）布置的舒适合宜，有利于人们集中精力地看书、学习，在书桌或书架上摆放小品盆景，能增加工作室（书房）的宁静感。盆景宜选择常绿、小巧、不易凋零且容易栽培的小型植物，也可放置一个造型别致的小花瓶，随着季节插上几朵鲜花，形成优雅的读书环境。（图5-74、图5-75）

现代生活方式影响着人们工作室（书房）的设计。如今电脑的使用十分普及，网络的信息量很大，使得年轻人的藏书减少，而保留更多的空间给自己作为视听、休闲之用。

六、卫生间的空间环境设计

1. 行为特征

卫生间是供住户家庭卫生和个人生理卫生的专用空间，它的基本功能是处理排便和盥洗，空间主要包括浴室、洗脸间、厕所等。我国的卫生间设计正处于从单一空间向多空间发展的阶段，这需要尽快提高人们的认识，不仅仅要最大限度地设计利用空间，还要把阳光和绿色引入卫生间，获得沐浴、盥洗、便溺时的轻松、愉快、舒适、洁净、方便和安全。（图5-76、图5-77、图5-78）

从发展的眼光来看，未来的卫生间应该分为以下几个功能区域：（1）清洁区：设有浴盆、淋浴器和组合式的盥洗台。（2）便溺区：设有大便器和净身器等。（3）健身区：设有蒸汽浴、健身器材和休息的坐椅等。（4）美容化妆区：设有化妆台等设施。同时，家居室内的卫生间要按功能、使用对象进行主客分离，卫生性、舒适性。因此，住宅具有多个卫生间是今后发展的方向。

目前我国居住水平看，住宅的用户希望套内空间按功能、使用对象进行区分使用，达到主客分离、动静分离，家庭主人与其

图 5-77

图 5-78

他成员的个人使用功能分离，以提高住宅的私密性。（图5-79、图5-80、图5-81、图5-82）

2. 设计要点

随着人们对生活质量的要求提高，需储藏在卫生间的物品越来越多，这就需要注重干湿分离的空间设计。所谓干湿分离就是将沐浴空间与梳妆、如厕空间分开，可以针对空间面积、结构、通风和进光等环境条件，采用灵活多样空间分割的形式，有效地避免洗浴中水花外溅打湿地面，造成地滑，以及将水带入其他房间。干湿分离的空间有设置全封闭墙体的沐浴空间、安装固定的玻璃推拉门隔断、采用软窗帘局部隔挡等几种方式。

干湿分离空间的装饰隔离材料要进行防雾化处理，以不凝结水汽为佳。一体化整体淋浴房的出现有效地保持了洗浴空间的温度，又彻底解决了空间干湿分离的问题，高档的淋浴房还具有很多附属功能，如按摩、蒸汽、音响等等。

图 5-79

图 5-80

图 5-81

图 5-82

图 5-83

图 5-84

卫生间的地面防水和防滑是设计的重要方面。一方面，要做好卫生间地面的防水层处理，地面的铺设要有一定的坡度（朝排水口方向的倾斜），防止卫生间地面有积水渗透到楼下。设计要采用在干湿两种情况下摩擦力较大的防滑地砖，增强站立时的稳定性。另一方面，卫生间地面应选用具有防滑、防水和易于清洁性能的地砖、石材等装饰材料，确保卫生间地面的安全。（图5-83、图5-84、图5-85）

卫生间的用电设计要兼顾人性化和安全。开关、插座的位置要随手方便使用，还要尽量远离水源。卫生间一般要选用加盖的防护型开关、插座，以防止潮湿漏电而产生危险。卫生间的照明多采用比较节能省电的吸顶灯，洗浴区顶面要选用有外罩的防水型灯具，对照度要求较高的梳妆区，可在梳妆镜的顶部或两边配置光线柔和且显色性能好的局部照明灯具，但是一定要注意把握好灯光的照射角度。

卫生间的采暖是衡量其标准的条件之一，卫生间采暖形式可分为利用空调机送暖风、利用红外线辐射热、利用暖气管（片）散热、利用浴霸采暖等。浴霸是通过特制的防水红外线灯和换气扇的巧妙组合，将浴室的取暖、红外线理疗、浴室换气、日常照明、装饰等多种功能结合于一体的浴用家电产品。

卫生间空间的管线设备包括有冷热水的上下水管、暖气管、电气线路等。当卫生间无明窗时，还应该设有竖向的通风道。另外，卫生间洗浴设备包括淋浴器、浴缸、便器、面盆、洗衣设备、清洗池等都需要设有上下水管，其中洗浴设备及面盆还需设热水管，所以卫生间的上下水管成为卫生间管线设计的主要矛盾，需要设计师注意协调解决。（图5-86、图5-87、图5-88）

细节决定成败，我们应在卫生间的细节设计上处处体现人性化的关怀。比如在卫生间同时布置小便器和坐便器，可以提高卫生间的卫生状况；浴室的门向内开启，在紧急情况发生时，便于外部救援进入；在卫浴空间里增加视频、视听设备，增加了卫生间的舒适度；卫生间内应设计足够用的电源，以满足小电器使用

图 5-85

图 5-86

图 5-87

的方便,如电吹风、充电的剃须刀;特殊的家庭考虑无障碍卫生间设计等等。这些细节上的合理设计能有效地增加生活情趣,提高生活品质。

近年来,人们对卫生间的舒适度要求越来越高,很多人都希望卫生间有直接对外采光、自然通风的功能。因为卫生间有异味和水蒸气,会污染空气,设计时应该注意其对健康的影响。有直接采光的卫生间室内明亮、通风,便于检查卫生间内是否清洁,并能直保证空气清新、防止疾病传播。

无外窗的卫生间应设计通风换气措施,宜采用竖向排气管道系统、机械强制通风的换气方式,以排除卫生间的污染气体。让使用者有一个比较放松的心情,以此来提高卫生间空间的使用标准。

图 5-88

七、儿童房的空间环境设计

1. 空间行为特征

儿童房一般是泛指能独立居住幼儿、儿童的卧室,这一类房间的面积相对比较小。这一阶段的孩子活泼好动,富于幻想和好奇,应为孩子设计一个有益于身心健康成长的生活空间,要以培养其心智全面发展,启发他们的创造能力为目标。(图5-89、图5-90)

2. 儿童房的设计要点

儿童房的设计应保证通风良好、光线充足。首先要根据儿童的生理特点,给儿童提供一个舒适的休息场所,其次是满足儿童的学习和玩耍需求。儿童房的墙面可通过一些可爱的卡通人物、植物、小动物等图形,来诱发儿童的想象力和创造力。另外,通过添加活力四射的色彩元素,也会很轻松把孩子的房间打造得多姿多彩。例如用涂料、墙纸和挂画等材料把儿童房装扮成快乐的天堂。(图5-91、图5-92、图5-93、图5-94)

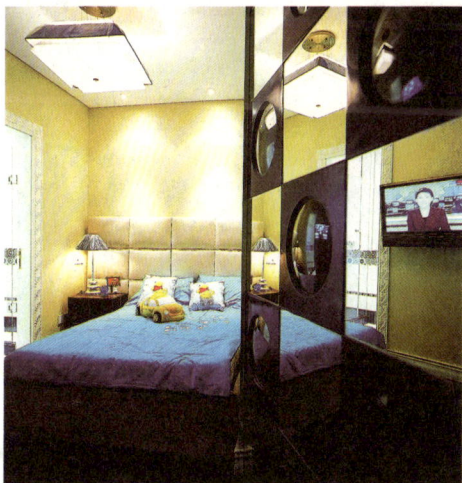

图 5-89

儿童房的家具应小巧、简洁、安全,色调应鲜明活泼,布置应符合儿童的活动规律。儿童房的地面要注意防滑,最好是选择具有一定弹性的地面材料,如果是比较小的孩子,还可选用可以拼图的橡胶地材,以鼓励和培养孩子的动手能力。

儿童房室内的电器不宜多,尤其是低龄儿童的卧室,以防不小心触电,同时,有小孩的家庭插座也要选用具有安全功能的。此外,儿童房也不宜设置大尺寸的玻璃镜、玻璃柜门之类的易碎品,以防止意外的发生。

儿童房的窗户装饰是一个亮点,在设计窗户的造型和窗帘的样式之前,首先要考虑的是私密性和采光度,考虑窗户的装饰是开放式的还是封闭式的?是否需要衬帘?要根据房间的环境和风格来选择窗帘的布料和样式。可以通过布料质地、花色的选择,将儿童房的窗幔、枕头、桌布、小布艺饰品等搭配在一起整体设计,为整个房间营造出一个充满魅力和活力的清新氛围。(图5-95)

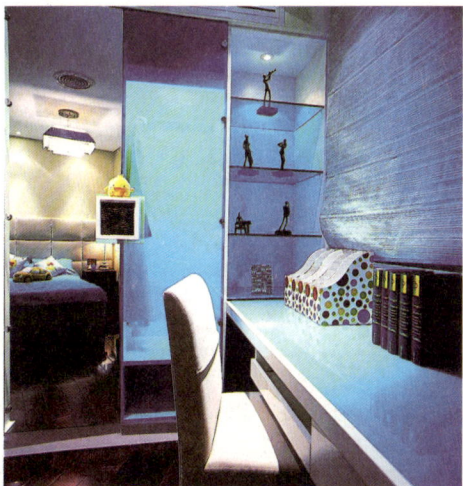

图 5-90

图 5-91

图 5-92

总之，好的环境对于造就孩子的心灵很重要，因此，在设计布置儿童房时，一定要根据儿童各自不同的生理特点，制定出合理的设计方案，美化他们的居室，使他们能度过一个美好的、充满幻想的童年。

八、走道及楼梯的空间环境设计

1. 过道、走廊

（1）行为特征

住宅内的过道、走廊是居室内平面的主要交通处。在现代家居的设计中，过道、走廊有两种形式，一种是相对独立的；另一种过道、走廊与其他空间结合设计。住宅空间的过道、走廊设计

图 5-93

图 5-94

图 5-95

应尽可能的短，以减小这种纯交通面积占用的空间。大部分住宅的过道、走廊设计是与其他空间相结合的，这样可以增加住宅内空间转化的灵活性。（图5-96、图5-97、图5-98）

（2）设计要点

独立的过道、走廊设计要注意其宽度，过道、走廊的宽度一般不小于1000mm。要因地制宜地利用空间对过道、走廊进行巧妙的设计，可以根据使用频率与客厅、餐厅等空间结合使用，缓解狭小空间的压抑感，同时通过造型、材质、色彩的变化来塑造一个新颖的室内交通空间。

过道、走廊地面的材质一般选用比较坚韧、防滑的石材、瓷砖和实木地板等，由于过道、走廊往往和客厅、餐厅等空间连在一起，因此在材质的选用上要考虑它们的整体协调，在协调统一的情况下，可以利用地面的不同材料或图案来划分和美化通道空间。（图5-99、图5-100）

过道、走廊的墙面和天花设计应该做到恰到好处，简洁通畅，通道常用的设计手法有很多，比如多种类型的天花造型与灯光照明、墙面悬挂字画、营造局部趣味中心小景点等。

图 5-99

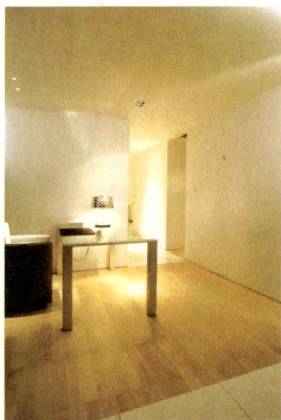

图 5-96

图 5-97

图 5-100

图 5-98

2. 楼梯

（1）行为特征

楼梯是有楼层的家居空间必不可少的垂直交通部分，家居空间的楼梯大致可以分为直梯、弧形梯和螺旋梯三种形式。直梯是家居空间中最为常见的一种形式，直上直下造型最为简单方便。弧形梯是以曲线来实现上下楼的造型，弧形梯的美观、宽敞让人走起来舒服。螺旋梯是以盘旋而上的造型来体现的，它的特点是所占用的平面空间很小，而且优美的螺旋造型也会让许多人为之心动。（图5-101、图5-102）

（2）设计要点

根据我国住宅规范的规定，房间内楼梯的净宽，当一边临空时不应小于750mm，当两侧有墙时，不应小于900mm。这一规定是我们搬运家具和日常物品上下楼梯的合理宽度。

家居的楼梯要根据室内空间的具体尺寸和家庭成员的年龄、身体状况来选择。家里有老人和儿童的楼梯设计坡度要小些，这样他们在上下楼的时候心里才会感到踏实。

楼梯按材质分有实木楼梯、金属楼梯等，可根据家居空间风格的整体效果来选择相应材质的楼梯。木楼梯款式多样，制作方便，有一定的亲和力。金属楼梯有不锈钢材质的，铝合金材质的，生铁材质的；它们结构轻便、造型美观、施工方便等特点颇受人们的喜爱。

楼梯设计要注意一些细节的处理，如要控制楼梯与室内空间高度的关系，避免上下楼时上方结构梁碰头；尽量使用环保材料，消除锐角等等。楼梯踏步可以是实体的，也可以是透空的，可根据室内设计的风格确定。楼梯下部的空间应充分利用，可作为储物空间或景观、绿化处理，当高度和空间比较充足时，也可以作为小过厅或琴台等富有情调的空间环境。（图5-103、图5-104、图5-105）

图 5-103

图 5-104

图 5-105

图 5-101

图 5-102

九、阳台的空间环境设计

1. 阳台行为特征

阳台是家居中住户的专用室外空间，也是住户主要的室外活动场所，是住宅功能空间中不可缺少的组成部分。

阳台按其功能可分为生活阳台和服务阳台。生活阳台是供住户生活起居用的，一般位于起居室和卧室的外部，以南侧向阳为主。服务阳台是为居住的杂务活动服务的，一般位于厨房的外部，多数在住房的北侧。随着现代居住方式的变化，居住空间的改进，在许多住宅中已不设服务阳台。这里主要介绍的也是生活阳台。（图5-106、图5-107、图5-108）

阳台按平面形式可分为挑阳台、凹阳台和半凸半凹阳台。

挑阳台是指阳台悬挑于住宅墙体之外，三面临空，视线开阔，有良好的日照和通风条件。由于受结构与经济的限制，多数挑阳台挑出尺寸都不会太宽。

凹阳台是指阳台凹入住宅外墙，只有一面向外敞开，结构简单，不受限制，但是凹阳台视野不够开阔。

半凸半凹阳台是介于凹阳台和挑阳台之间的一种阳台，它的半凸半凹形式具有一定的灵活性。

2. 设计要点

阳台的设计安全最为重要，它受限于建筑的结构。阳台与居室之间的墙体属于承重墙体，不可随意拆除；阳台底板的承载力为每平方米为200～250公斤，不能在阳台上堆存过于笨重的物品，如果重量超过了设计承载能力，就会降低阳台的安全系数。

图 5-107

图 5-106

图 5-108

图 5-109

图 5-110

图 5-111

阳台的设计要注意防水、返水和防滑处理，阳台的地面材料在铺设时要确保有一定的坡度，低的一边为排水口，另外阳台和居室室内要有至少一厘米的高度差，来保证雨水不会进入室内。

阳台是最适合家庭养殖各种花草的地方，它既能美化生活空间环境，又有助于改善室内空间的小气候，利用阳台种上一些绿色的植物或花卉，再加上合理的配景，能营造出一个清新脱俗的阳台景观。阳台的花卉盆景要合理安排，花盆不要摆放在阳台栏板的台阶上，以免不小心掉下去砸伤别人。

为了方便晾晒衣物，可在阳台顶部的挑梁上设置晾衣架，现在多采用摇柄式升降晾衣架，摇动钢丝牵引绳，可控制晾衣架的升降，不影响人在阳台上的活动，十分方便。

如果因家庭需要把阳台进行全封闭处理，要进行巧妙的设计，使之既美观实用又不能影响室内的通风和采光，要根据实际情况和阳台的具体条件去设计，切忌盲目地进行封闭处理，否则很难形成一个舒坦悠闲的空间环境。（图5-109、图5-110、图5-111）

对于有两个、甚至两个以上阳台的住宅，在设计中要根据其朝向、大小分出主次，与客厅、主卧相邻的阳台多为主阳台，主阳台功能以休闲为主，可配置少量的家具。次阳台的功用主要是储物、晾衣等等。

图 5-112

十、储物室的空间环境设计

1. 储物室行为特征

储物室是用来储藏家庭日常用品、衣物、棉被、箱子、杂物等物品。随着人们生活水平的提高，现在家庭的各类物品越来越多，家居室内的储物空间也越来越受到广大业主的重视。根据国家现行的《住宅设计规范》要求，家居室内空间设计要有一定比例的储藏空间。（图5-112）

2. 设计要点

储物室的设计受限于建筑的结构与空间面积。除了原建筑结构设计预留储物室外，可以利用家居室内的死角、楼梯间、阁楼、空置的空间以及可分割的空间进行巧妙的设计。储物室的设计要以实用性为主要原则，重视储藏操作的方便性和灵活性，使物品能按其使用功能进行分类储藏。（图5-113）

储物室的内部结构设计需根据业主的储藏内容来定，如主卧与卫生间相通的储物室，主要储藏的应该是业主日常所需的各类衣物，方便业主在晚上沐浴后或早上漱洗后方便穿戴。在空间允许的情况下，还可以储藏些床上用品和其他日常用品。这一类的储物室要充分考虑各类衣物的区别，合理划分大衣、长裤、西装、衬衫、内衣、领带、鞋袜等区域的空间及尺寸，设计以整齐方便为原则。靠近家居入口或过道附近的储物室一般是业主储藏一些家庭日常所需的工具、杂物，如吸尘器、小型

图 5-114

图 5-115

图 5-113

图 5-116

图 5-117

图 5-118

图 5-119

人字梯、日常维修用的小工具及箱包等等。这一类的储物室存放的物品比较杂，要充分考虑空间的综合利用，在储物柜隔板设计时要尽量放大尺寸，确保各类杂物的存放。（图5-114、图5-115、图5-116）

　　储物室的门多选用移门或折叠门，这样即可控制门在开启时不影响其他空间，又能让人们有较大的空间取放储藏物品，十分方便。（图5-117、图5-118）

　　储物室的空间面积一般较小，其光线、通风都比较差，设计时要充分考虑这些不利因素，可通过装饰结构上的处理使其保持空气流通，也可通过机械通风的方法进行弥补，避免在潮湿的季节储藏物品发霉、生虫。

思考与练习

　　1. 谈谈别墅住宅空间和公寓住宅空间的区别。

　　2. 厨房设计如何满足人体工学的要求？

　　3. 现代厨卫空间设计中的设备选择对提高家居环境品质有哪些影响？

　　4. 谈谈家居室内空间设计中主卧室和次卧室的区别。

图 5-120

第六章 家居室内空间设计实践案例评析

案例一 优秀家居空间布局设计赏析

一层

结构改动：将洗衣间与储藏室的隔墙移动，增加洗衣间的空间。

改动后情况：可增加洗衣设备，使洗衣间的功能更加完善。

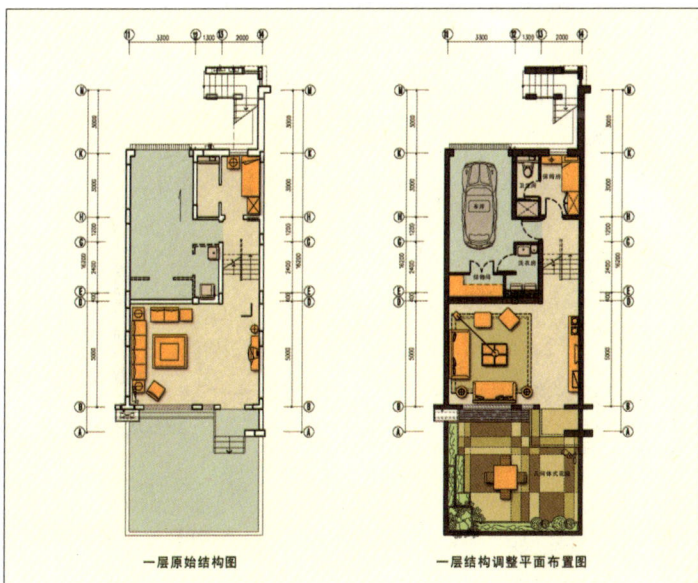

图 6-3

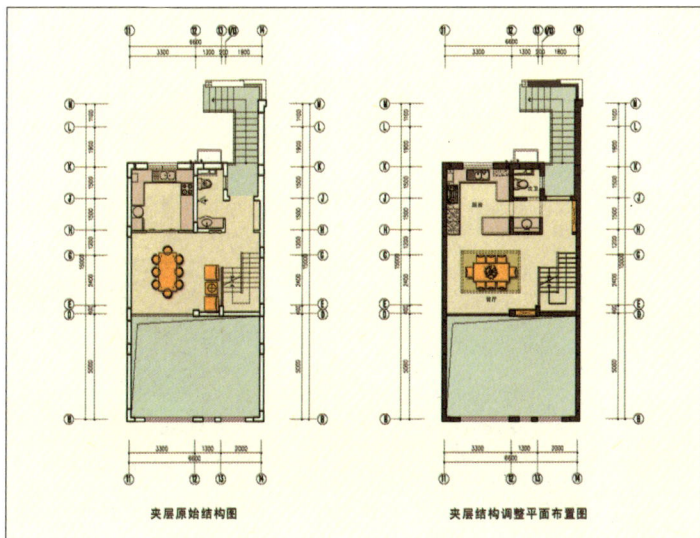

图 6-1

图 6-2

图 6-6

图 6-7

图 6-8

夹层

结构改动：将厨房间非承重墙拆除，以及与卫生间的隔墙打通，厨房间按"U"布置，做开放式厨房，安排岛式餐台。卫生间隔墙向后移，卫生间功能进行重新安排，洗面台与卫生间分离。

改动后情况：空间结构呈开放式，结构更加紧凑，采光性增强，厨房间流通多样化，空间形式带有趣味性。

二层

结构改动一：原卫生间门洞调整至楼梯上来的中轴线上，并增加桑拿房功能，

改动后情况：轴线关系使空间秩序更加严谨，视觉效果达到平衡，功能性更加完善。

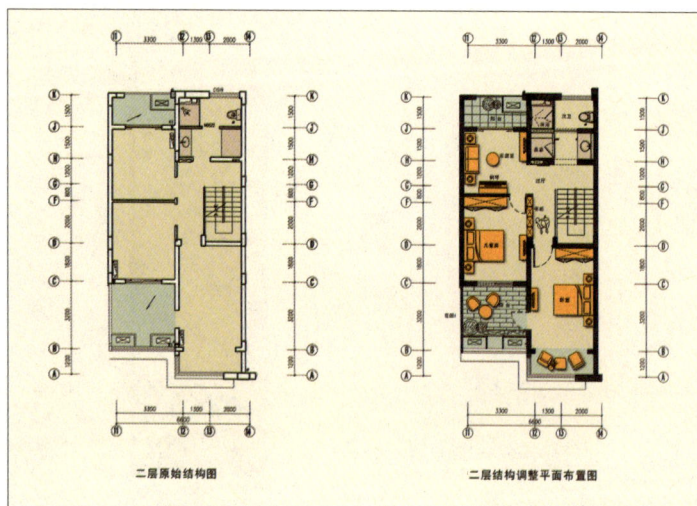

二层原始结构图　　　　二层结构调整平面布置图

图 6-4

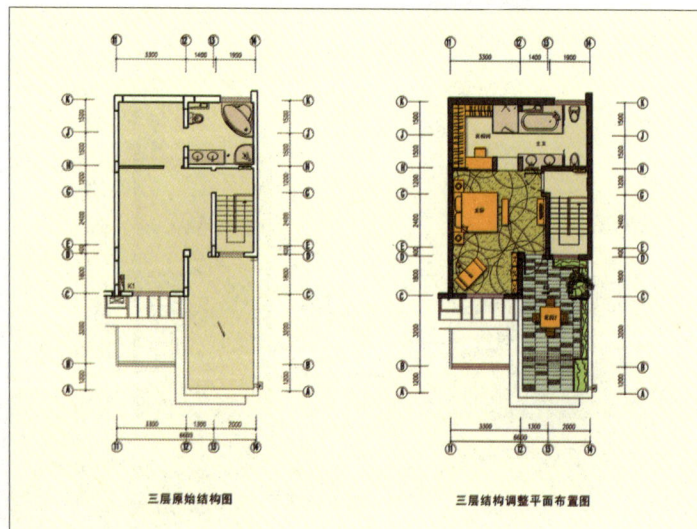

三层原始结构图　　　　三层结构调整平面布置图

图 6-5

图 6-10

图 6-9

图 6-11

结构改动二：原书房墙拆除，房间以家庭室的形式安排，儿童房进门位置从家庭室内进入，利用原建筑中的梁柱，沿过道墙面做嵌墙书柜。

改动后情况：二楼家庭室用于家庭聚会的场所兼琴房，既满足使用功能，也让来客在此得到缓冲的余地。儿童房保持南北通风，更适合居家生活。

三层

结构改动：将建筑物原结构中的非承重墙部分拆除，在保留梁柱的对称位置加设墙体，形成自然门洞，冲淋房位置保持与入口处的中轴线上，洗浴功能按秩序重新分布，更衣间按"L"型布置，并设化妆台。

改动后情况：衣帽间与卫生间保持贯通，体现其延展性，解决了原始空间的局促感，整个空间的视觉效果扩大，主卧室的品质感得到了极大的提高。

图 6-12

图 6-13

案例二 优秀家居空间工程案例赏析

这是一对年轻人的家居室内空间，男主人是某高校环境艺术设计系的教师，女主人在一家外企做中层管理工作。其家居室内空间的设计顺应自己的生活需求，没有盲目跟风，而将居室设计的重点放在软装上。室内以啡、白、黑自然色系为主调，直线和圆相和谐，空间元素简洁明了，配合动物毛皮等装饰元素，使得空间具有野性的时尚品位，是主人对品质生活理解后将之转化为实际的一种能力的表现。

客厅格局呈正方形，设计师根据室内的具体空间，将沙发设计成一个较大的U形布局，沙发与电视的摆放设计与众不同，让人

图 6-14

图 6-15

图 6-16

耳目一新；利用沙发侧面的墙角位置放置了一架钢琴，钢琴黑色的木饰面与沙发靠背色彩一致，在设计上相互呼应。实木地板上铺上一块牛皮装饰地毯，色彩相近却又独具质感，在精细的木质地板与客厅家具之间，表现了不羁的审美品位。交叉式的茶几上摆满了各式各样的洋酒、碟片及书籍，平时躺坐在沙发或地板上看看书或欣赏美酒，不失为一种享受生活的理想场所。至于设放置在厅区不同角落的盆栽，以其自然清纯的绿色，为客厅加添点点活泼的气息。（图6-14、图6-15、图6-16、图6-17、图6-18、图6-19、图6-20、图6-21、图6-22、图6-23）

用餐区落地窗帘给人带来浅蓝色的温馨，实木地板衬托着白色的坐椅和玻璃的餐桌，不需更多的繁奢，相聚其乐也融融。运用家具与设备来表达自然心境的现代厨房空间，木框的玻璃移门、金属与木饰面构成的橱柜、各种厨房器具、满贴主人生活小照和饰品的冰箱等，没有拘谨，只有快乐、趣味和香溢满室的烹

图 6-17

图 6-18

图 6-19

饪食品。（图6-24、图6-25、图6-26、图6-27、图6-28、图6-29、图6-30）

过道尽头墙面铺设的装饰银镜，，能发挥延伸视觉空间的作用，夸张的实木境框与两边书房、卧室的门协调统一，效果不落俗套。

卧室的设计颇具个性，略带古典味道的睡床配以素雅的床饰，简洁精致的蓝色布艺软装挂落在床头，轻盈的线条却有一种浪漫情调，营造出了业主内心所期望的宁静气氛。（图6-31）

图 6-20

图 6-21

图 6-22

图 6-23

图 6-24

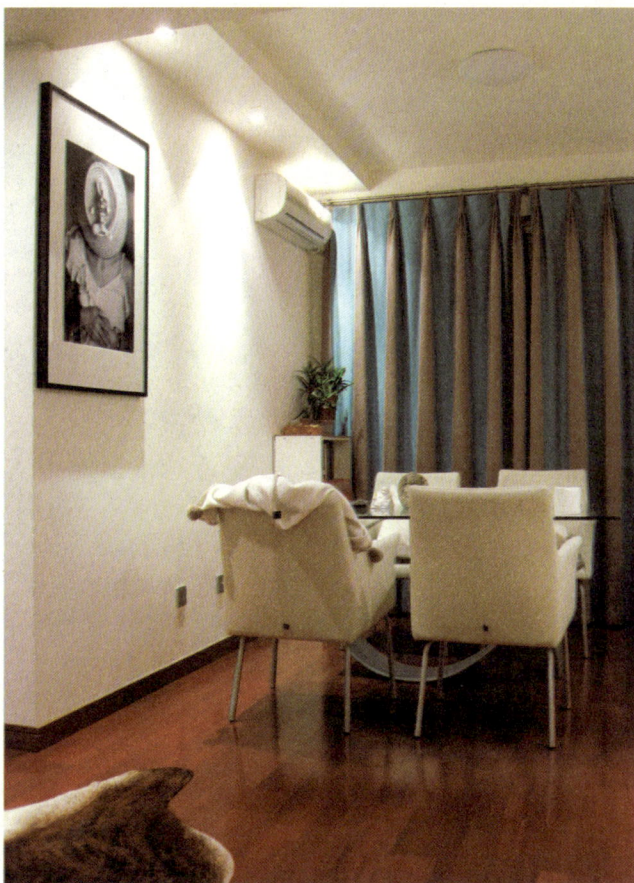

图 6-25

图 6-26

图 6-27

图 6-28

图 6-29

图 6-30

图 6-31

　　书房合理利用建筑所提供的空间，将南、西两面墙设计了到顶的书柜，外形简单利落，架上放满了主人从各地出差或旅游收集的摆设。书桌靠窗台而设，节省空间之余，还可以充分利用自然的光线，工作的时候亦可以与窗外美景做伴，缔造和谐写意的气氛。书桌旁选择了一盏别致的落地装饰灯，开放式光源会在墙面留下花案，它与书柜上的照明射灯相互配合，营造出柔和、舒适的工作环境。（图6-32、图6-33、图6-34、图6-35、图6-36、图6-37、图6-38、图6-39）

　　卫生间的墙身及地面均铺设米色瓷砖，透过采用玻璃移门隔断分隔的淋浴间，令卫生空间更阔落实用。卫生间选用了加盖的防护型开关、插座，以防止潮湿漏电而产生危险。顶部照明选用磨砂玻璃外罩的嵌入式、防水型节能筒灯，白色亚光烤漆面的选择更能体现出设计师在细节上的考量。（图6-40、图6-41）

图 6-33

图 6-32

图 6-34

图 6-37

图 6-35

图 6-38

图 6-36

图 6-39

图 6-41

图 6-40

图 6-42

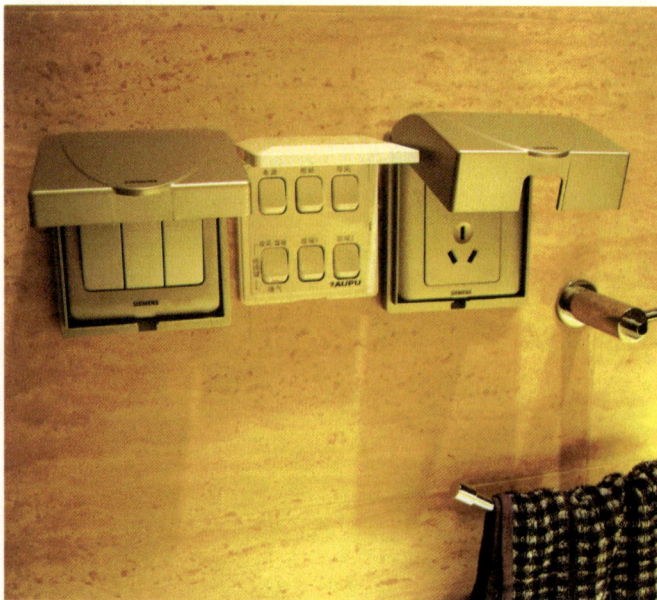

图 6-43

　　洗手台上方的装饰柜设计师特意加设了可左右移动的挂镜，以装饰柜上下暗藏的灯光映射到墙面来营造独特的视觉效果。（图6-42、图6-43）

图 6-44

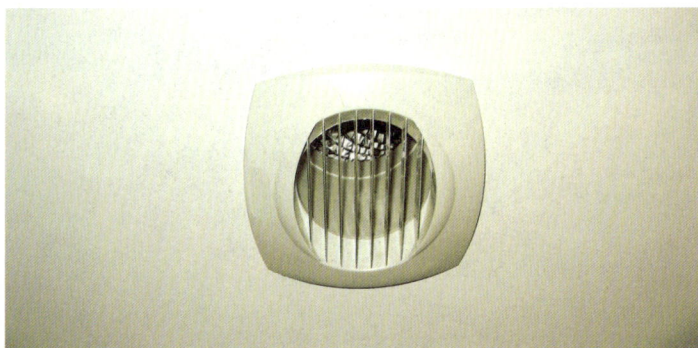

图 6-45

图 6-46

图 6-47

清爽轻快的环境是设计师追求的目标，为达到此效果，设计师选用了环保型的涂料、木地板及瓷砖等装饰材料，让室内空气清新无害。考虑到该居住小区地处飞机场的航线附近，因此安装了双层的真空玻璃窗，来避免户外的噪声干扰。为使封闭的室内环境有清新空气流通，设计师选用了VIM通风换气系统让户外新风自窗式进风器进入室内，污浊空气再由厨房、卫生间、浴室顶部的排风口排出室外，使居住环境的室内空气质量得到提高，特别是夏天、冬天空调的使用高峰期以及梅雨季节，都能保证居住环境在门窗紧闭的状态下，始终保持室内空间的空气新鲜度。（图6-44、图6-45、图6-46、图6-47）

案例三 学生实践设计方案点评

图 6-48

图 6-49

图 6-50

图 6-51

　　在高校的实践教学环节，学生的设计方案可能缺乏比较深入系统性考虑，往往会遇到许多难以预料的复杂问题，这就需要学生用心去分析问题、考虑问题、解决问题。

　　图6-48、图6-49、图6-50、图6-51是学生住宅室内设计课程实践内容的作业，这些设计方案虽然在空间布局上比较合理，但是在室内空间界面的处理上过于直接、呆板，缺乏细节上描述。如在灯光的处理上显得有些生硬，缺少柔和的过渡；色彩的设计没有考虑到整体环境的风格与气氛，局部物体的色彩显得有些孤立；在室内装饰材料材质的表现上，没能充分表达出材料本身自然的质感和纹理。

图6-52、图6-53、图6-54、图6-55是某别墅的设计方案，该方案对室内空间尺度与功能布局把握的比较到位，家具与陈设组合成的整体既有变化又形成有秩序的美感，。室内空间构造与细节的表达，最能够体现出设计师的专业技术语言，该方案在墙面、顶部、窗、梁、柱等构成空间围合界面的细节上，刻画的比较清晰、细腻，在设计中起到了画龙点睛的作用。遗憾的是该方案在灯光与空间氛围的表现上略显不足，

图 6-52

图 6-53

图 6-54

图 6-55

　　图6-56、图6-57、图6-58、图6-59、图6-60、图6-61是一个地中海风格的家居室内设计方案，能看出该同学通过努力学习和参与社会活动获得了实践能力的体验，从而形成了自身专业基础扎实和创新能力较强的优势，这也充分说明，只有通过综合性的艺术实践，才可能成为一个优秀的设计师。

　　学生在课堂的学习时间是有限的，要强调自主性、实践性、体验性的学习状态，即设计人才的培养必须加强实际应用能力和创新能力的训练，以适应新环境和市场的需求。书本、教材、课堂是学生专业学习的基础，仅仅掌握这些基础还无法创造出市场需要的东西，要鼓励学生去接触社会、体验务实，更加深入地研究、体会和消化课堂教学内容。除此之外还应该寻找机会参与具体项目的设计及工程施工等实践性的工作，尽量早些接触本专业应用的前沿，感受专业理论学习与实践行为的差异，扩大视野，拓宽思路，从而提高创新能力。这就要求学生转变学习观念，学会从一个被动的学习者转变为主动、自主的学习者。

图 6-56

图 6-57

图 6-58